65

ENGINYERIES
INDUSTRIALS

14'85

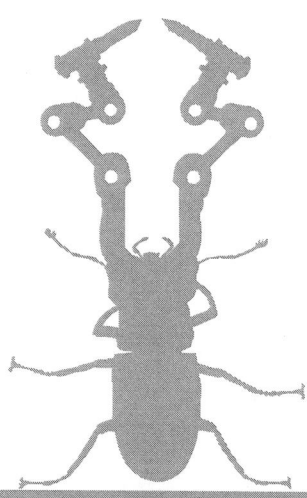

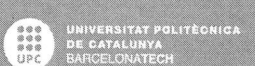
UNIVERSITAT POLITÈCNICA
DE CATALUNYA
BARCELONATECH

iniciativa
digital politècnica
Publicacions Acadèmiques UPC

→ UPCPOSTGRAU

Automatización industrial →
Diseño de automatismos programados

Miguel Delgado Prieto
Ángel Fernández Sobrino
Joan Valls Pérez

Primera edición: mayo de 2024

© Los autores, 2024

© Iniciativa Digital Politècnica, 2024
Oficina de Publicacions Acadèmiques Digitals de la UPC
Edificio K2M, Planta S1, Despacho S103-S104
Jordi Girona 1-3, 08034 Barcelona
Tel.: 934 015 885
www.upc.edu/idp
E-mail: info.idp@upc.edu

ISBN: 978-84-10008-57-1
ISBNdigital: 978-84-10008-58-8
DL: B 11564-2024
DOI:10.5821/ebook-9788410008588

Prólogo

La automatización industrial consiste en transferir todas o parte de las funciones de coordinación que se desean ejecutar en un proceso productivo a un equipo cableado o, de manera ya más generalizada, programable (i.e. a través de dispositivos electrónicos). En este sentido, un automatismo consiste en ir determinando los estados del conjunto de variables de salida consideradas a través de la manipulación del conjunto de elementos disponible como entradas (i.e. consignas e información del estado del proceso).

Efectivamente, el gran beneficio en el uso de autómatas programables es que estos pueden llevar a cabo tareas diversas de manera autónoma, pero en base a un mismo equipo físico. Esta adaptabilidad, soportada por controladores lógicos programables, se consigue a través de la programación. Por este motivo, este libro pretende servir de ayuda durante el aprendizaje en el diseño de automatismos programados, tanto para procesos discretos (i.e. considerando exclusivamente variables binarias), como continuos (i.e. considerando también variables analógicas).

Los ejercicios propuestos y las correspondientes soluciones están divididas en cinco capítulos. Primero se considera el uso de diagrama funcional GRAFCET sobre procesos discretos. Segundo, se presentan automatismos diseñados sobre procesos discretos mediante diagrama de contactos. A continuación, en tercer y cuarto lugar, se introduce el diseño de automatismos sobre procesos discretos y continuos, respectivamente, haciendo uso de una combinación de diagrama de contactos con instrucciones propias de texto estructurado. Finalmente, en quinto lugar, se complementa el aprendizaje incluyendo el diseño de automatismos cableados sobre procesos discretos mediante el método de la tabla de la verdad.

Para una mejor comprensión del contexto y motivación de este trabajo, cabe indicar dos particularidades que han marcado el contenido de este libro. La primera es respecto a los conocimientos previos que habilitan la comprensión de las soluciones. Estos, se consideran accesibles a través de los materiales docentes disponibles en las asignaturas y cursos correspondientes donde este libro pueda servir de apoyo, significando por lo tanto este documento una recopilación de ejercicios que ayuden a asentar y practicar los conocimientos y habilidades adquiridas. Segundo, respecto a la metodología y particularidades de las soluciones. Aunque se ha tratado de resolver los ejercicios de manera neutra a tecnologías y fabricantes específicos, algunas nomenclaturas o simbologías pueden ser propias de alguna familia de autómatas. En cualquier caso, se ha velado por una fácil comprensión de las decisiones de diseño con la intención de ser fácilmente adaptadas a cualquier marca específica.

Miguel Delgado Prieto y Ángel Fernández Sobrino

Índice

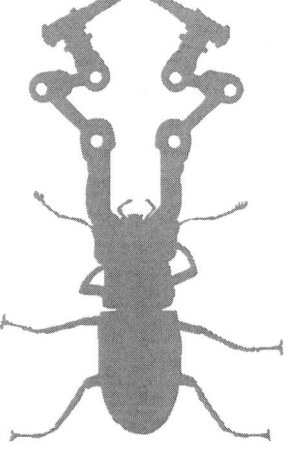

→1

Diseño de automatismos programados sobre procesos discretos mediante GRAFCET

Problema 1.1

Diseñar el automatismo para el control de una depuradora de agua como la mostrada en la figura de acuerdo al siguiente ciclo de trabajo:

– Con el sistema en reposo, al pulsar marcha M, N.A., S1, se inicia el ciclo continuo activando la primera bomba, B1. El sistema está en reposo cuando el nivel de agua está por debajo del detector de nivel 1 N.A., D1, y la válvula, V, está cerrada.

– Al llegar el agua al detector de nivel 2 N.A., D2, se activa la bomba B2, echando sosa y otras sustancias hasta que el nivel del depósito llegue al detector de nivel 3 N.A., D3, parándose entonces B2.

– La bomba B1 seguirá funcionando hasta que el agua llegue al detector de nivel 4 N.A., D4, en ese momento se desactivará B1.

– Con las dos bombas detenidas y el depósito lleno, se activará entonces la válvula V dejando pasar el agua procesada y ya depurada.

– Cuando el nivel quede por debajo del detector de nivel 1 N.A., D1, la válvula se cerrará y se volverá a conectar B1, repitiendo el ciclo de trabajo hasta pulsar paro N.C., S2, acabando el ciclo que se está realizando y quedando el sistema en reposo.

Para completar la solución de este automatismo se pide:

a) Listado de variables de entradas y salidas, así como variables internas utilizadas, incluyendo tipo y descripción.

b) Diagrama de secuencia del automatismo identificando principales etapas y transiciones.

c) Resolución del automatismo programado en GRAFCET.

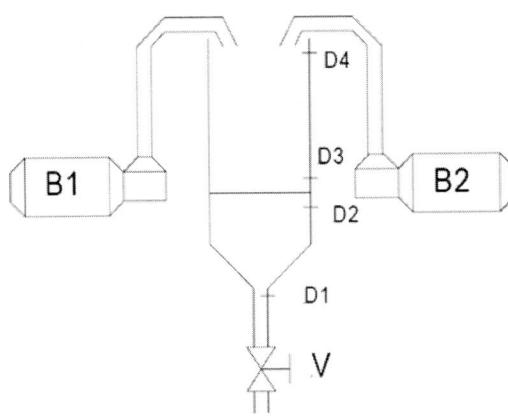

Resolución

a) Se enumeran las entradas y salidas del sistema

Entradas: pulsadores S1 (Marcha, EBOOL) y S2 (Paro, EBOOL), detectores D1, D2, D3, D4 (EBOOL), memoria de KCiclo (KC, EBOOL) (esta variable se usa para recordar al sistema que se pulsó Marcha y todavía no se ha pulsado Paro).

Salidas: válvula (V, EBOOL), bomba hidráulica B1 y B2 (EBOOL).

b) Diagrama de secuencia

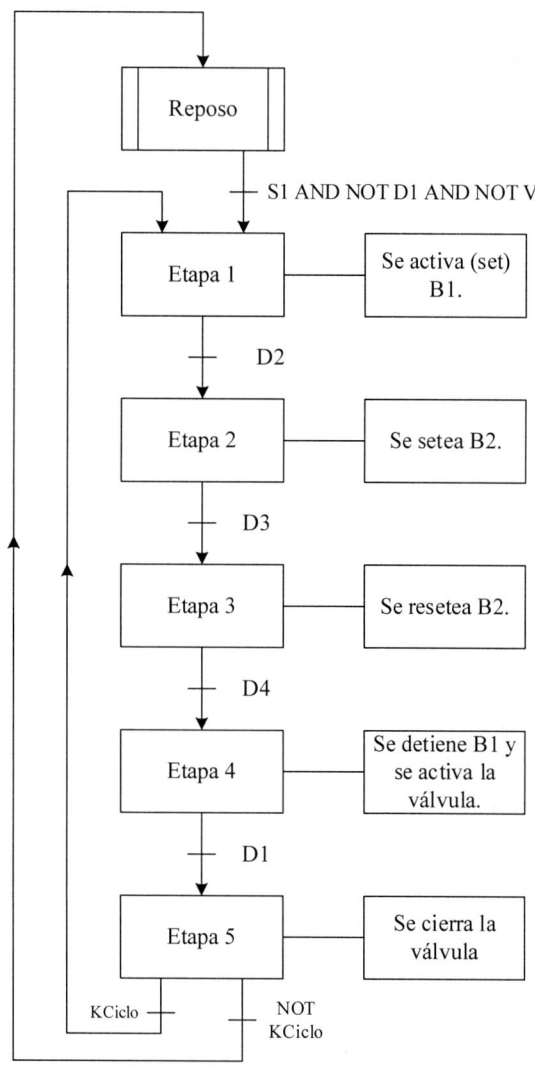

c) Solución programada en GRAFCET

Para la realización del automatismo programado en lenguaje GRAFCET, se debe tener en cuenta el total de etapas por las que el automatismo puede estar. En este caso, el sistema deberá pasar por cinco etapas antes de volver a la etapa inicial "Reposo". Asociadas en cada una de ellas, se tienen condiciones de transición, las cuales mantienen el automatismo en la etapa en la que esté hasta que se cumpla la condición indicada en la transición correspondiente.

Para implementar la primera condición de transición, T0, de la etapa inicial "Reposo" a la etapa 1, se opta por definirla mediante una sección que incluya en lenguaje Ladder la lógica de transición.

En cada una de las etapas consideradas se realizan una serie de acciones, las cuales hacen evolucionar el automatismo y que este opere según el ciclo definido.

Se debe tener en cuenta que, para poder implementar un pulsador de paro en GRAFCET, se debe considerar otro programa que se irá ejecutando como parte del propio ciclo de scan del autómata, y estará dedicado a gestionar la pulsación del paro. En este programa, una vez se pulse el paro, se activa una etapa, en la que se realizan las acciones correspondientes y, en este caso, se vuelve al estado de reposo a la espera de una nueva pulsación.

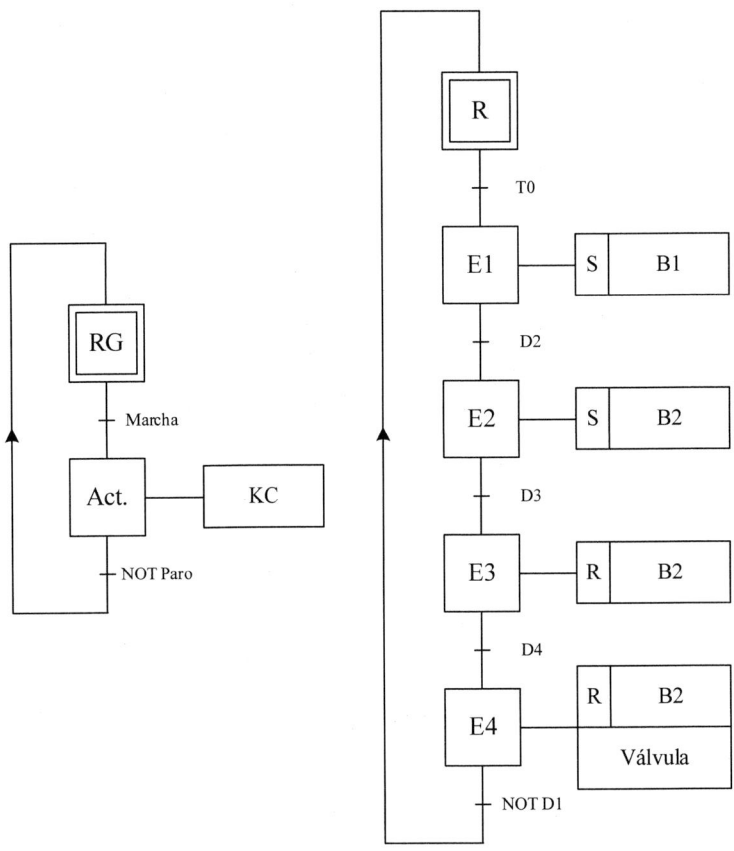

A continuación, se muestra el equivalente en Ladder de la transición T0:

Problema 1.2

Diseñar el automatismo programado correspondiente al proceso de control de una cinta transportadora con el siguiente ciclo de trabajo:

– Al pulsar el pulsador de marcha N.A., se inicia el ciclo continuo.

– Al pulsar el pulsador de paro N.C., se para el ciclo continuo al finalizar el que está en curso.

– Al iniciarse el ciclo, se pone en marcha la cinta transportadora, C.

– Al activarse el detector de presencia de envase N.A., D1, se detiene la cinta y se activa el inicio de llenado mediante la apertura del mecanismo de llenado, LL.

– Un segundo detector, D2, cuenta el número de piezas que se van introduciendo al contenedor.

– Cuando el número de piezas en el contenedor es igual a 10, se desactiva el llenado y se activa nuevamente la cinta a la espera de detectar otro contenedor mediante el detector D1.

Para completar la solución de este automatismo se pide:

a) Listado de variables de entradas y salidas, así como variables internas utilizadas, incluyendo tipo y descripción.

b) Diagrama de secuencia del automatismo identificando principales etapas y transiciones.

c) Resolución del automatismo mediante el uso de GRAFCET.

Resolución

La resolución de este automatismo se hace incluyendo instrucciones en "ST". *Véase capítulo 4.*

a) Listado de variables

Entrada: pulsador Marcha (S1, EBOOL), pulsador Paro (S2, EBOOL), detector de presencia de envase (D1, EBOOL), detector de añadido al contenedor (D2, EBOOL).

Salida: cinta (C, EBOOL), llenado (LL, EBOOL).

Hay un ciclo de trabajo continuo, por lo que habrá una variable KCiclo (KC, EBOOL).

Como se observa en el enunciado, se debe contar. Lo más conveniente es crear una variable tipo INT para poder realizar este conteo. Será llamada ContadorP.

b) Diagrama de secuencia

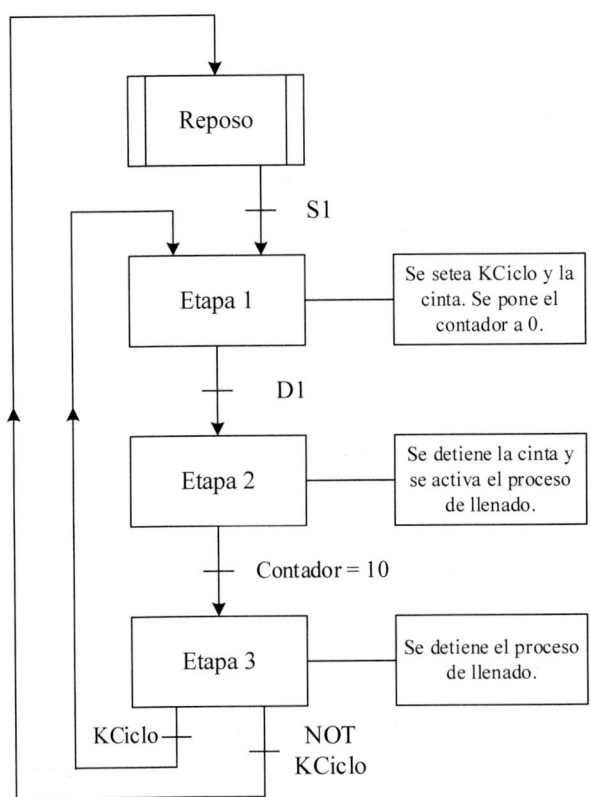

c) Resolución programada en GRAFCET

Este problema se estructura en 4 etapas, la inicial y tres más. En cada una de ellas se realizarán una o varias acciones que se describen a continuación.

En la resolución propuesta, se ha definido una de las transiciones, T1, a través de una sección programada en diagrama de contactos. De la misma manera, se ha considerado una de las acciones de la etapa 1, E1, la acción T0, como la ejecución de una sección también en base de diagrama de contactos incluyendo un bloque de operación con una instrucción en lenguaje estructurado (reset de la variable utilizada como contador).

El programa realizado considera un segundo programa que se encarga de actuar al detectar la pulsación del paro, y así resetear la variable interna de ciclo, KCiclo, y hacer que el programa principal quede en la etapa de reposo al terminar el ciclo de trabajo activo.

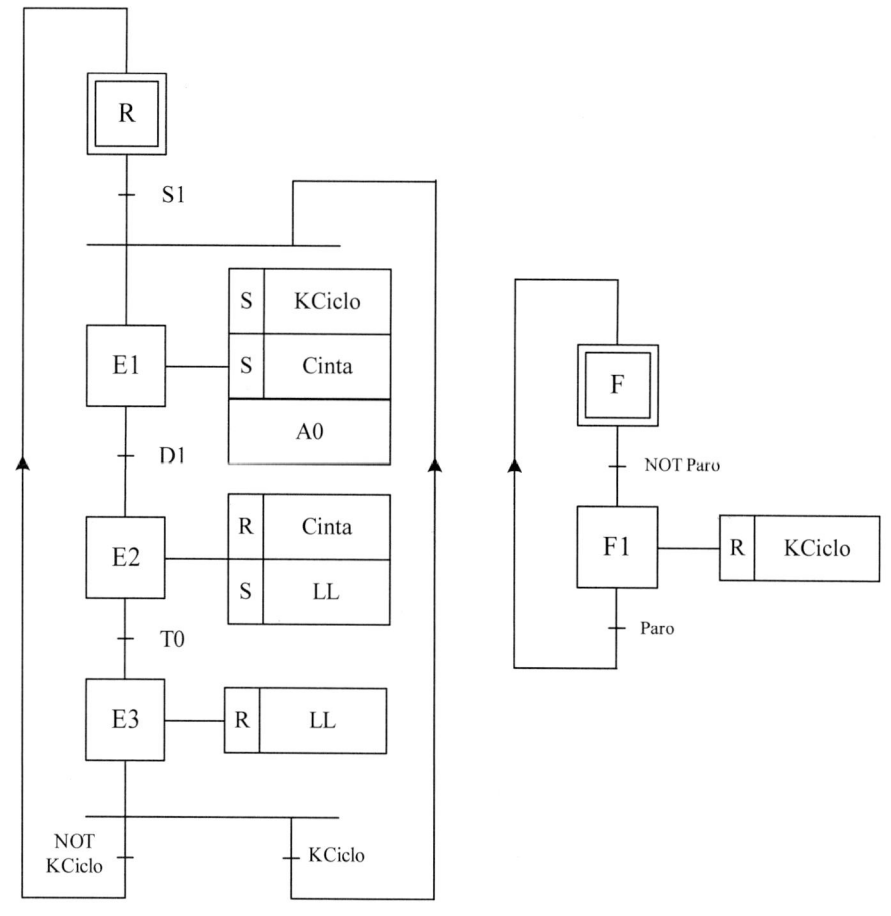

La transición para este programa es:

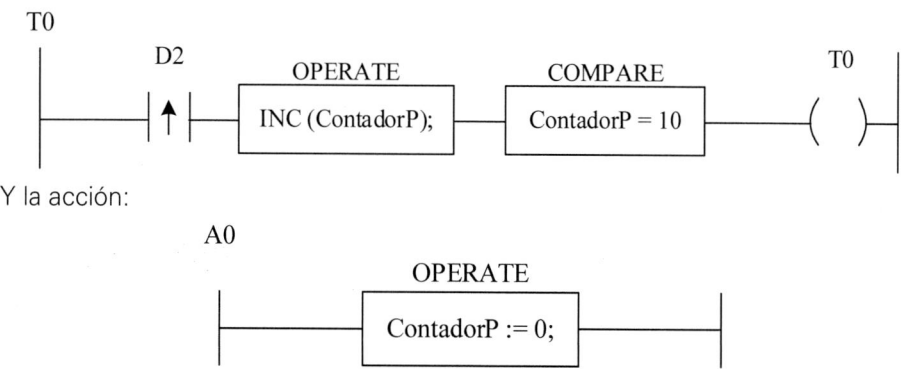

Y la acción:

Problema 1.3

Modificar el programa anterior para que el número de piezas introducidas en el contenedor las pueda fijar el operario a través de las entradas N0 a N7 en BCD (*i.e.* de 0 a 99 piezas), y visualizar el número de contenedores llenos en las salidas BCD7 a BCD0, también en BCD (*i.e.* de 0 a 99 contenedores).

Para completar la solución de este automatismo se pide:

a) Listado de variables de entradas y salidas, así como variables internas utilizadas, incluyendo tipo y descripción.

b) Diagrama de secuencia del automatismo identificando principales etapas y transiciones.

c) Resolución del automatismo programado en GRAFCET.

NOTA: añadir a la resolución todo aquello que sea nuevo en esta ampliación. La acción de resetear la variable utilizada como el contador, así como la transición de contacto no son necesarias. El programa de gestión del paro tampoco es necesario.

Resolución

La resolución de este automatismo se hace incluyendo instrucciones en "ST". *Véase capítulo 4.*

a) Se enumeran las entradas y salidas del sistema

Salidas: representación de los contenedores llenados (BCD7-BCD0, EBOOL).

Para la correcta resolución del automatismo, es necesario considerar varias variables tipo INT para poder trabajar con el número correspondiente en binario natural y, por tanto, considerar su valor decimal durante la programación.

Se debe contar el número de contenedores llenos, con la condición de que se muestre en BCD. Así, la variable que almacena el número de contenedores llenos se llamará *ContadorCon*, y la variable que se usará para mostrar el valor en BCD por las salidas se llamará *ContadorConBCD*.

b) Diagrama de secuencia

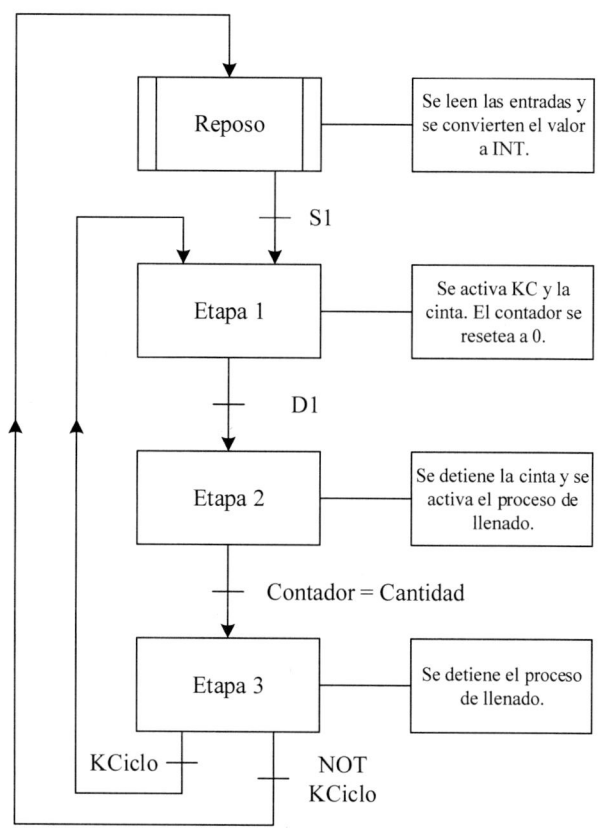

c) Solución programada en GRAFCET

Para la resolución del automatismo, se tiene en cuenta que, una vez iniciado el ciclo de trabajo, el número de elementos que se van a introducir en los contenedores no se puede modificar. El cambio se realizará cuando se vuelva a pulsar el pulsador de paro, y el automatismo quede en posición de reposo.

De esta manera, la actualización en la variable interna correspondiente, en relación a los números de entrada, se deberá realizar en la etapa 0, E0, etapa de reposo. De la misma manera, la actualización del número de contenedores llenos se actualizará una vez se haya detenido el llenado. Por lo tanto, esta acción se realizará en la etapa 3, E3.

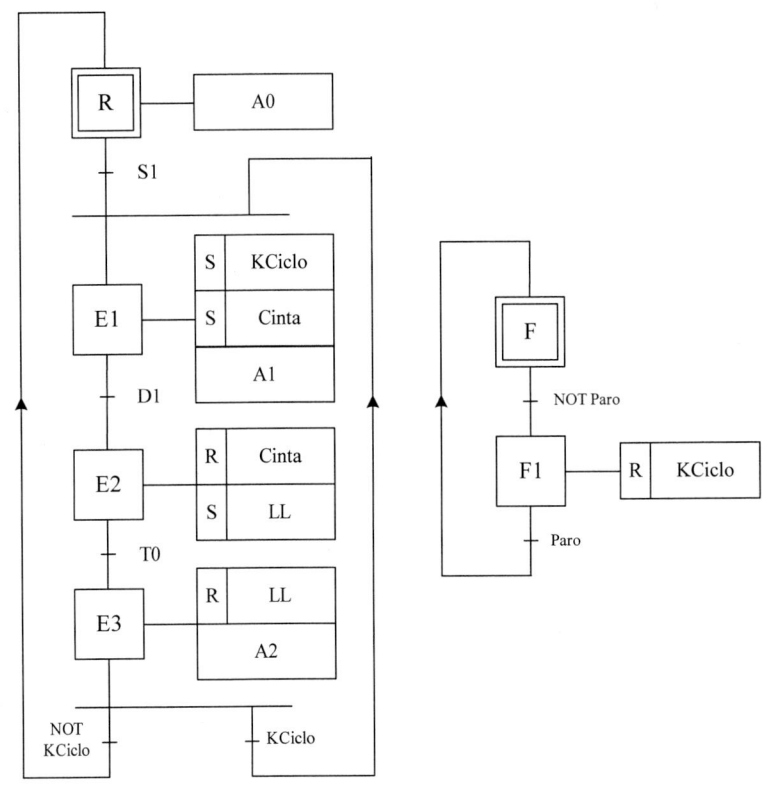

Las transiciones para este programa son:

Transición T0

```
          D2                    OPERATE                                        T1
  |-------| ↑ |-------|      INC (ContadorP);      |-----ContadorP = Cantidad;-----( )----|
                            OPERATE                  OPERATE
```

Y las acciones serán:

A0

```
           OPERATE                                         OPERATE
  |---MOVE_AREBOOL_INT(N0:8. CantidadBCD);---|---Cantidad:=BCD_TO_INT(CantidadBCD);---|
```

A1

```
                            OPERATE
  |---------------------ContadorP := 0;---------------------|
```

A2

```
        OPERATE                                OPERATE
  |---INC(ContadorCon);---|---ContadorConBCD := INT_TO_BCD(ContaodorCon);---|
                            OPERATE
  |---------MOVE_INT_AREBOOL(ContadorConBCD. BCD0:8);---------|
```

Problema 1.4

Diseñar el control de una cinta transportadora que lleva asociada un encoder que suministra información binaria de 15 bits del posicionamiento de la cinta (0 a 32767).

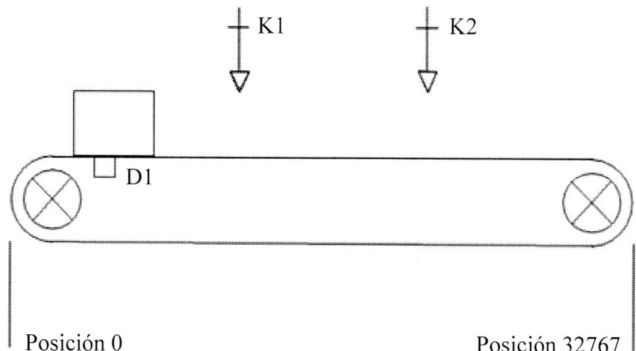

El ciclo continuo se inicia al pulsar marcha N.A, M. El ciclo se detendrá al pulsar paro N.C., S2.

El automatismo debe operar de tal manera que cuando el encoder dé una información comprendida entre los valores 0 y 50, la cinta estará detenida. Al colocar un envase en la posición correspondiente para ser detectado por el detector 1 N.A, D1, se activará la cinta, C, ofreciendo el encoder la posición de la cinta para su uso.

Cuando el encoder marque entre los valores 1.500 y 2.000, se detendrá la cinta, y se producirá la apertura del primer mecanismo de llenado, K1, durante 10 segundos.

Transcurridos los 10 segundos, se desactivará el primer llenado, K1, y se iniciará un nuevo arranque de la cinta hasta que el encoder suministre una información comprendida entre los valores 10.000 y 10.500, deteniéndose nuevamente la cinta, y produciendo la apertura del segundo mecanismo de llenado, K2, durante 20 segundos.

Transcurridos estos 20 segundos se iniciará de nuevo el movimiento de la cinta hasta detectar una posición comprendida entre los valores 32.000 y 32.500, deteniendo la cinta y expulsando el envase mediante la activación de un cilindro de doble efecto controlado por una válvula solenoide y retorno por muelle. Este cilindro, una vez activado, esperará en esta posición durante 3 segundos e iniciará la recogida. Una vez recogido el cilindro, se activará de nuevo la cinta hasta estar en posición de inicio (*i.e.* encoder marcando entre los valores 0 y 50), esperando así a un nuevo envase para iniciar otros ciclos si no se ha pulsado paro.

Para completar la solución de este automatismo se pide:

a) Listado de variables de entradas y salidas, así como variables internas utilizadas, incluyendo tipo y descripción.

b) Diagrama de secuencia del automatismo identificando principales etapas y transiciones.

c) Resolución del automatismo programado en GRAFCET.

Resolución

La resolución de este automatismo, se hace incluyendo instrucciones en "ST". *Véase capítulo 4.*

a) Se enumeran las entradas y salidas del sistema

Entradas: pulsador de Marcha (S1, EBOOL), pulsador de Paro (S2, EBOOL), detector presencia envase (D1, EBOOL), detector cilindro recogido (D2, EBOOL), detector cilindro expulsado (D3, EBOOL), información del encoder (E, será una variable numérica de tipo INT).

Salidas: cinta transportadora (C, EBOOL), activación de la válvula 1 (K1, EBOOL), activación de la válvula 2 (K2, EBOOL), expulsión del cilindro (EC, EBOOL).

b) Diagrama de secuencia

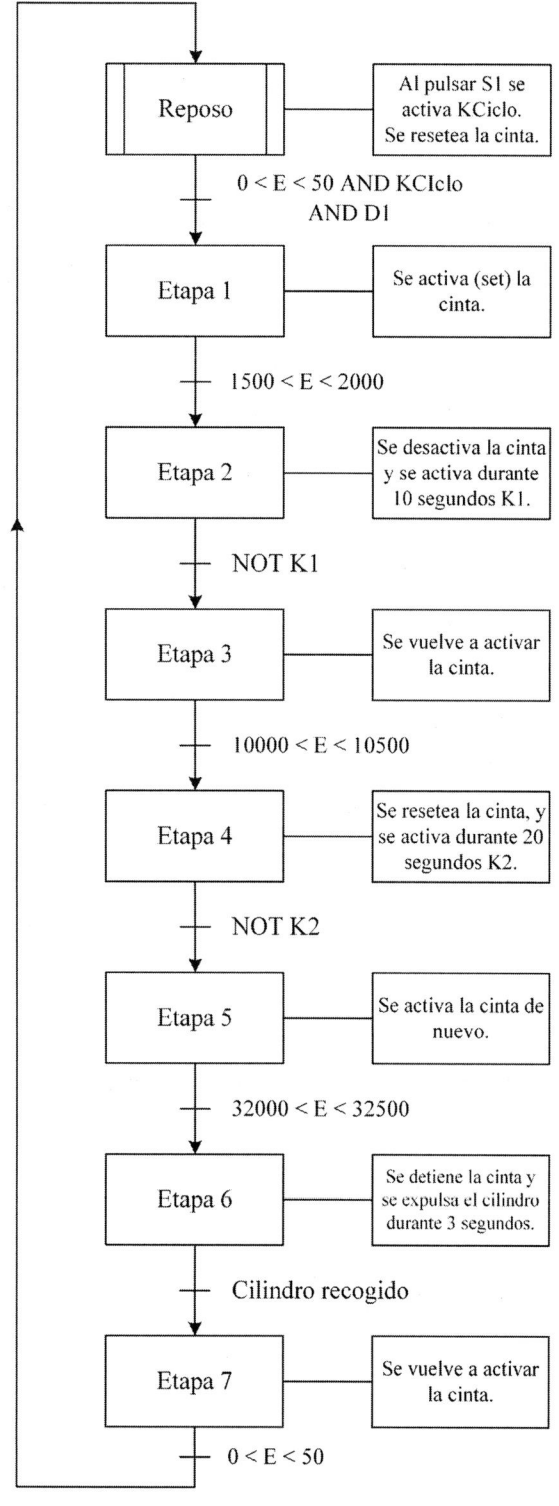

c) Solución programada en GRAFCET

Para la implementación del automatismo con ciclo continuo, no es óptimo incluir constantes divergencias en cada etapa por la consideración de la pulsación del paro y su memorización. En este caso, se decide crear un GRAFCET que controla el estado de la variable KCiclo, por lo que, si se pulsa Marcha, en este ciclo se activa la variable KCiclo, lo que permite al GRAFCET secundario iniciar su proceso. En el momento que se pulse paro, KCiclo dejará de estar activo, por lo cual, el proceso no iniciará otro ciclo.

Para la resolución de este automatismo, en vez de usar temporizadores, se opta por usar descriptores de tipo L, ya que las válvulas permanecen activas durante un tiempo predeterminado.

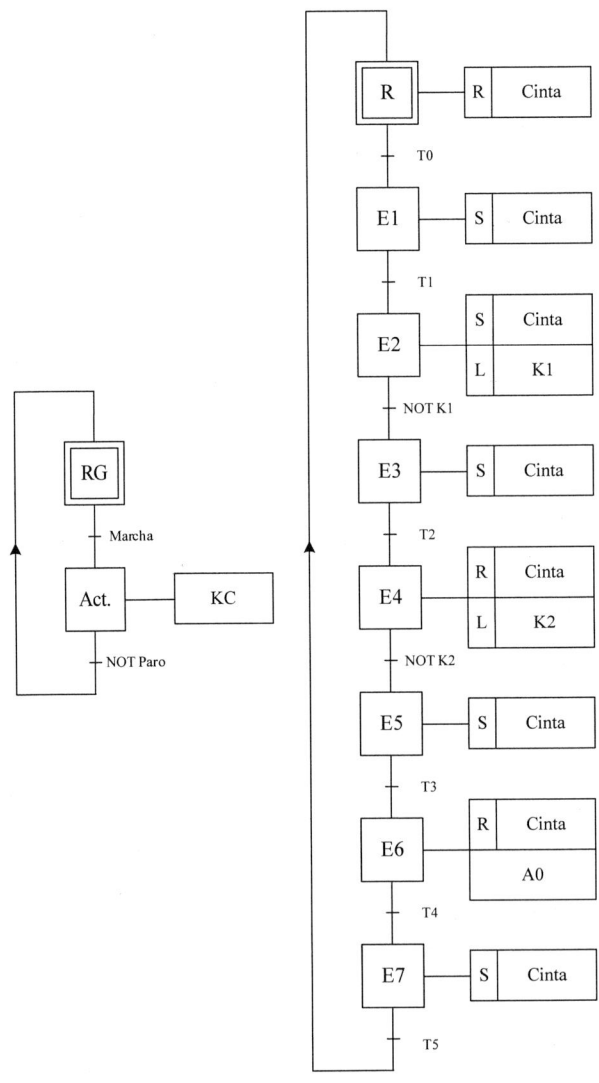

Las transiciones para este programa son:

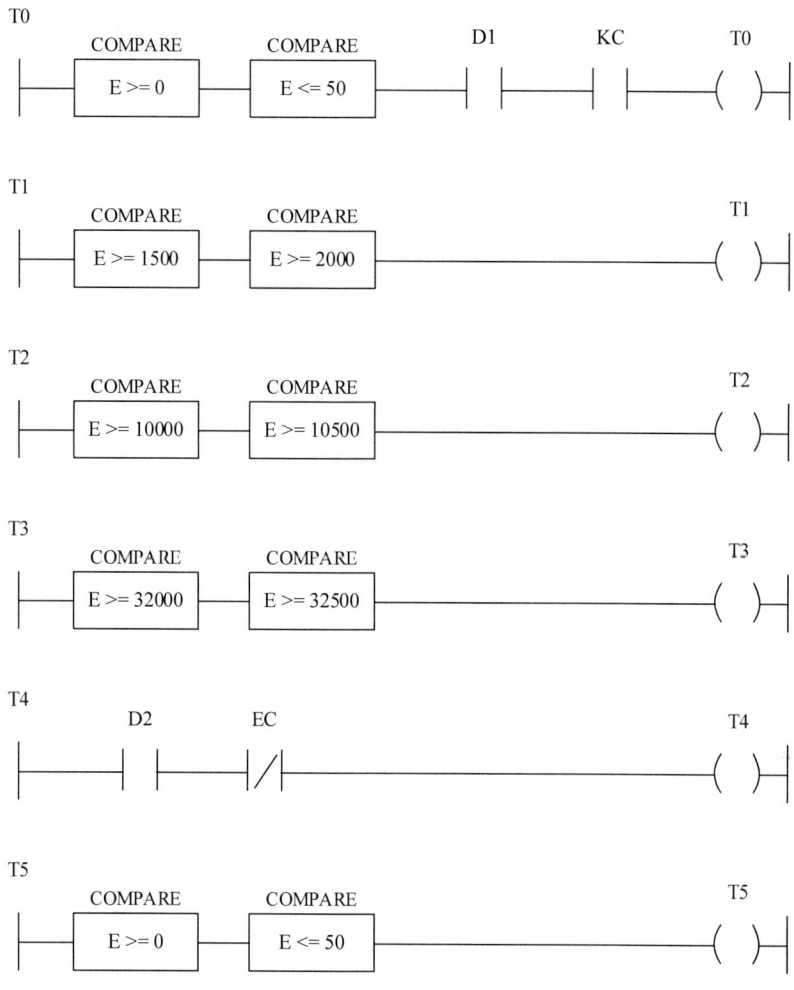

Y las acciones:

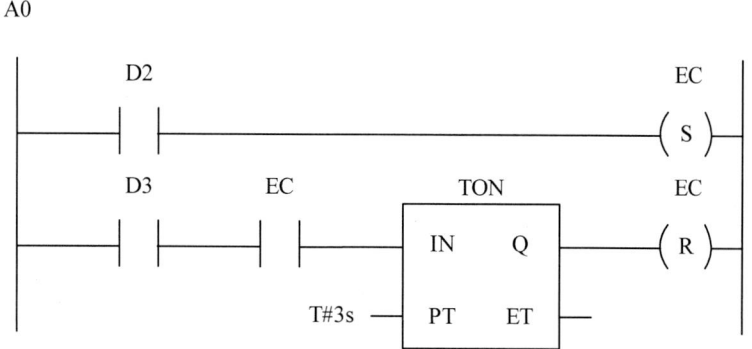

Problema 1.5

Diseñar un automatismo que permita introducir o extraer un número determinado de elementos de una caja de almacenaje con las siguientes consideraciones:

– Para añadir los elementos a la caja, se activará la entrada S1 y el operario deberá seleccionar mediante un selector el número de elementos a introducir en código BCD conectado a las entradas N0-N15 comprendido entre 0000 y 9999. Seguidamente, se abrirá el acceso de piezas, que son contabilizadas por un detector inductivo DE.

– Visualizar el número de elementos introducidos en la caja en BCD a las salidas V15-V0.

– Para extraerlos, se ha de seleccionar el número de elementos a extraer (a través de la misma entrada de selección anterior) y activar la entrada S2, abriendo seguidamente la válvula de salida de piezas, que son contabilizadas por un detector inductivo DS.

Dar por supuesto que en el interior existen el número de piezas que se desea extraer.

Para completar la solución de este automatismo se pide:

a) Listado de variables de entradas y salidas, así como variables internas utilizadas, incluyendo tipo y descripción.

b) Diagrama de secuencia del automatismo identificando principales etapas y transiciones.

c) Resolución del automatismo programado en GRAFCET.

Resolución

La resolución de este automatismo se hace incluyendo instrucciones en "ST". *Véase capítulo 4.*

a) Se enumeran las entradas y salidas del sistema.

Entradas: pulsador para añadir (S1, EBOOL), pulsador para extraer (S2, EBOOL), detector inductivo de entrada (DE, EBOOL), detector inductivo de salida (DS, EBOOL), entradas para seleccionar el número (BUM3-BUM0, BC3-BC0, BD3-BD0, BU3-BU0, EBOOL todas ellas).

Salidas: válvula para añadir (VA), EBOOL, válvula para quitar (VS, EBOOL), visualizador (V15-V0, EBOOL todas ellas).

Se debe contar en este programa, por lo que se deben crear distintas variables numéricas. La función de una de ellas será la de contar, por lo que se puede crear una variable llamada Contador, de tipo INT. Como esta variable también debe ser representada, se creará su equivalente en BCD, llamada ContadorBCD.

b) Diagrama de secuencia

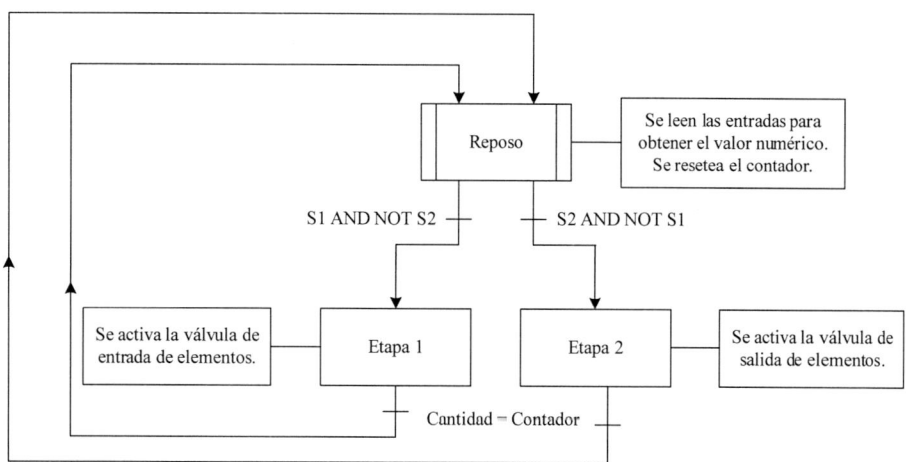

c) Solución programada en GRAFCET

Al realizarse la programación mediante GRAFCET, el programa resulta tener la misma estructura que el diagrama de secuencia. Así simplemente es implementarlo directamente. En las acciones A1 y A2 son prácticamente iguales, simplemente cambia el contacto que activa el contador.

Lo mismo sucede con la T2 y la T3, que en este caso sí que son iguales, pero no pueden tener el mismo nombre, debido al funcionamiento de GRAFCET.

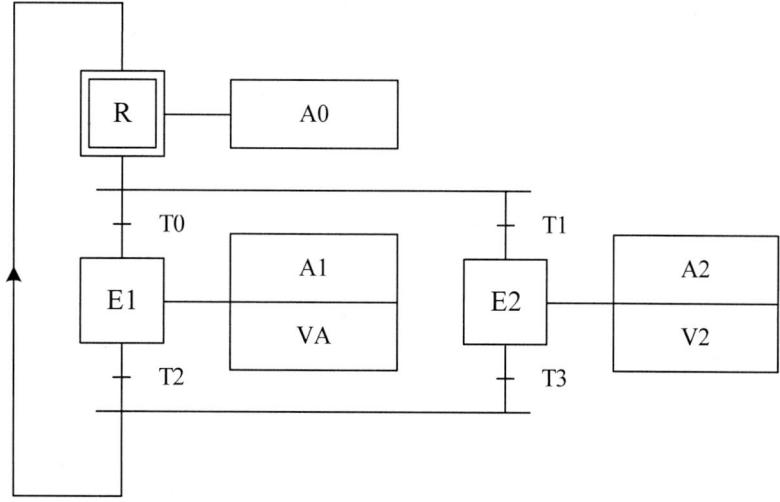

Las transiciones para este programa son:

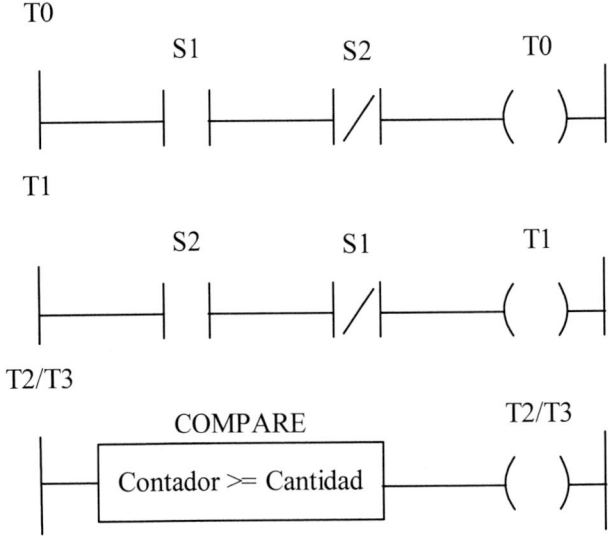

Y las acciones:

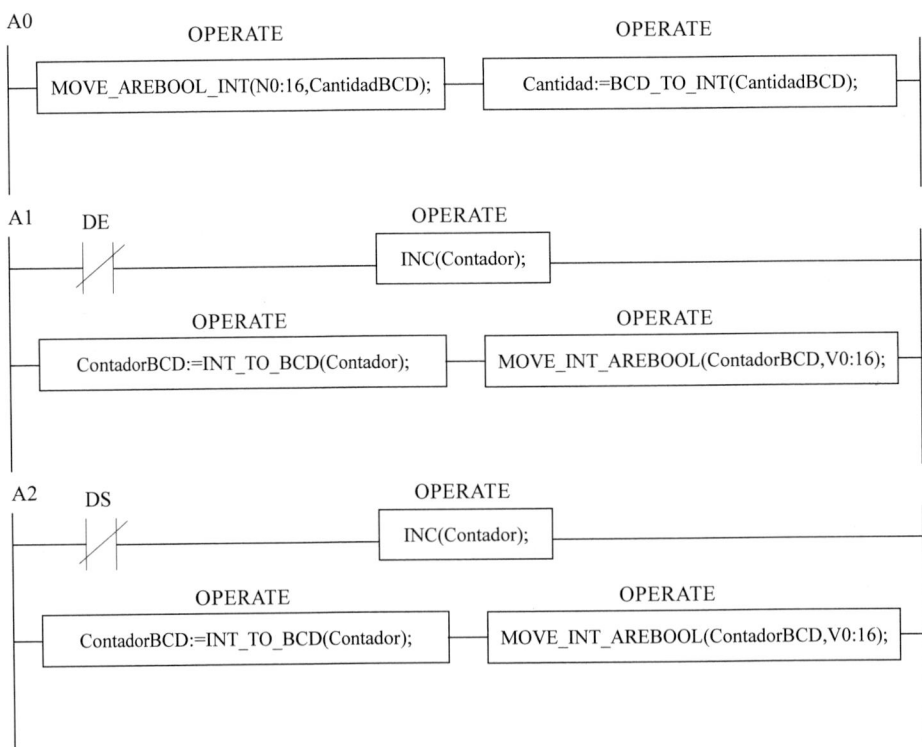

Problema 1.6

Diseñar el control de llenado de un envase sabiendo que se dispone de los siguientes elementos:

– Sensor D1, que detecta la presencia del envase.

– Selector de número de elementos (N0-N3) que han de ir en el interior del envase (cantidad variable de 1 a 15 en binario).

– Sensor D2, que detecta la introducción de un nuevo elemento dentro del envase.

– Visualizador binario (V0-V3), que indica el número de elementos introducidos en el envase. El ciclo de trabajo del proceso consiste en:

- El operario ha de establecer el número de elementos que deben introducirse en el envase con las entradas N0-N3.

- Cada vez que se detecta envase en D1 se inicia el llenado del envase (activar LLE), con el número de elementos que indiquen las entradas N0-N3. Los elementos que se introducen en el envase son detectados por D2, que incrementa un contador y lleva a las salidas (V0-V3) el número de elementos que se llevan introducidos en el envase.

- Cuando el contenido del envase coincide con el seleccionado, se desactiva el llenado y se activa la expulsión del envase (EE) durante tres segundos, reseteando el contador y esperando el inicio de un nuevo ciclo al ser detectado D1.

Para completar la solución de este automatismo se pide:

a) Listado de variables de entradas y salidas, así como variables internas utilizadas, incluyendo tipo y descripción.

b) Diagrama de secuencia del automatismo identificando principales etapas y transiciones.

c) Resolución del automatismo programado en GRAFCET.

Resolución

La resolución de este automatismo se hace incluyendo instrucciones en "ST". *Véase capítulo 4.*

a) Se enumeran las entradas y salidas del sistema.

Entradas: detector de envase (D1, EBOOL), detector entrada (D2, EBOOL), selector de número de elementos (N0-N3, EBOOL).

Salidas: llenado del envase (LLE, EBOOL), expulsión del envase (EE, EBOOL), visualizador binario (V0-V3, EBOOL).

En este problema se debe tener en cuenta que el operario introduce un valor numérico a través de unas entradas digitales. Por lo que se deberá crear una variable que permita guardar este número. Como este valor representa la cantidad de elementos a introducir en el envase, se llamará "CND" y será de tipo INT.

Así mismo, se debe contar el número de elementos que se van introduciendo. Por tanto, se deberá crear otra variable, esta vez llamada "CNT", y representa el contador de objetos que se introducen en la caja.

b) Diagrama de secuencia

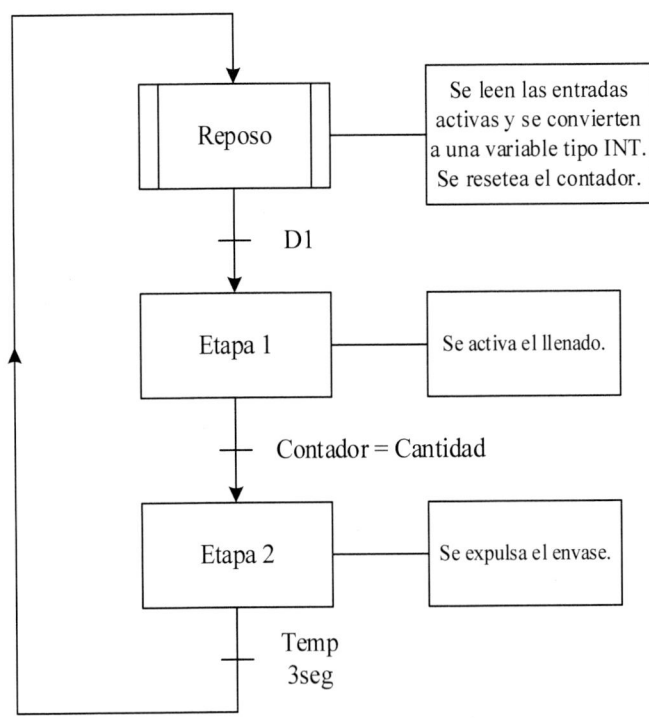

c) Solución programada en GRAFCET

El esquema en GGRAFCET y el diagrama de secuencia son muy parecidos, por lo que es conveniente adaptar el diagrama de secuencia, realizando pequeñas modificaciones, a la programación en GRAFCET. Así pues, se necesitarán algunas acciones y transiciones que se deberán programar en Ladder, ya que GRAFCET tiene unas ciertas limitaciones en la complejidad de la resolución.

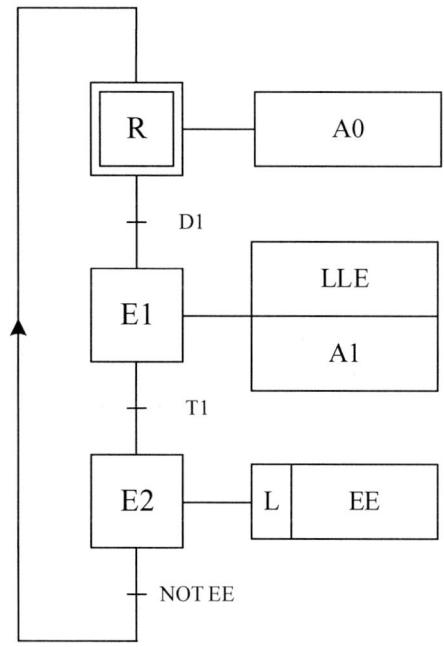

Las transiciones para este programa son:

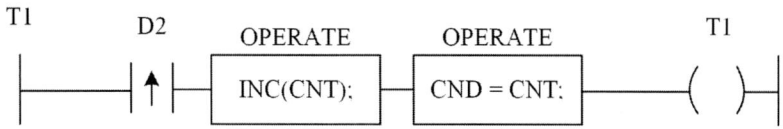

Y las acciones:

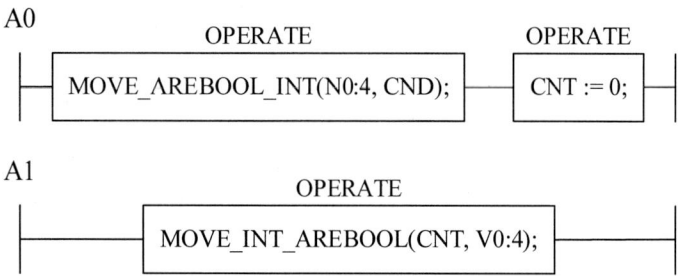

Problema 1.7

Diseñar el proceso consistente en el control de un ciclo continuo de una cinta transportadora y el llenado de un envase controlado por un pulsador de marcha S1 N.A., conectado al PLC, que inicia el ciclo continuo y un pulsador de paro S2 N.C., conectado también al PLC, que detiene el sistema al acabar un ciclo. El ciclo consiste en:

Al iniciar el ciclo se pondrá en marcha la cinta transportadora (C).

Al activarse el detector 1 de presencia, D1, de envase, se detendrá la cinta y abrirá el acceso de piezas al envase (KLL).

Las piezas serán detectadas por el detector 2, D2.

Cuando el número de piezas sea igual al seleccionado por el usuario a través de las entradas del PLC (N0-N7) en BCD (0 a 99), desactivar el llenado e iniciar un nuevo ciclo activandootra vez la cinta.

Visualizar el contenido del envase en BCD a través de las salidas V7-V0.

Para completar la solución de este automatismo se pide:

a) Listado de variables de entradas y salidas, así como variables internas utilizadas, incluyendo tipo y descripción.

b) Diagrama de secuencia del automatismo identificando principales etapas y transiciones.

c) Resolución del automatismo programado en GRAFCET.

Resolución

La resolución de este automatismo se hace incluyendo instrucciones en "ST". *Véase capítulo 4.*

a) Se enumeran las entradas y salidas del sistema.

Entradas: pulsador de Marcha (S1, EBOOL), pulsador de Paro (S2, EBOOL), detector de presencia 1 (D1, EBOOL), detector de piezas introducidas D2, selector de información en BCD (N0-N7, EBOOL).

Salidas: llenado de elementos (KLL, EBOOL), visualizador de piezas introducidas (V7-V0, EBOOL).

El problema necesita contar, por lo que se deben crear variables que permitan saber hasta qué número hay que contar y cuál es el número actual de conteo. Para ello, se crean las siguientes variables: "Cantidad", de tipo INT, y será el número de piezas que el operario quiera introducir; "Contador", de tipo INT, y será la variable que almacene el número de piezas que se van introduciendo.

b) Diagrama de secuencia

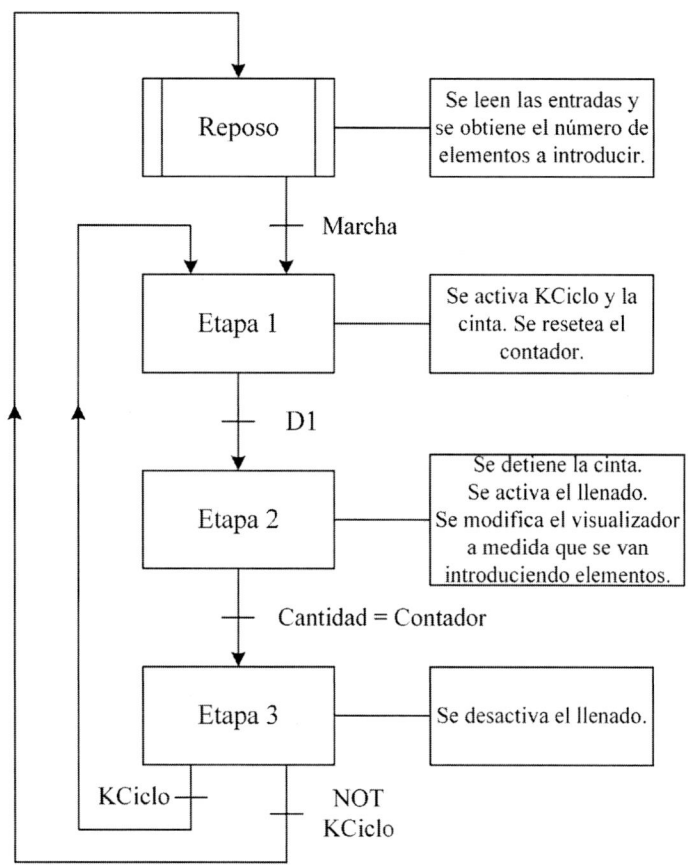

c) Solución programada en GRAFCET

Al realizar la programación en GRAFCET, si se quiere implementar un botón de paro que impida volver a iniciar un ciclo de trabajo, se debe crear otro estado inicial, cuya transición sea la activación del pulsador de paro. Así pues, se implementa esto en el programa.

Sencillamente, se debe adaptar el diagrama de secuencia a la programación, ya que ambos esquemas son muy parecidos.

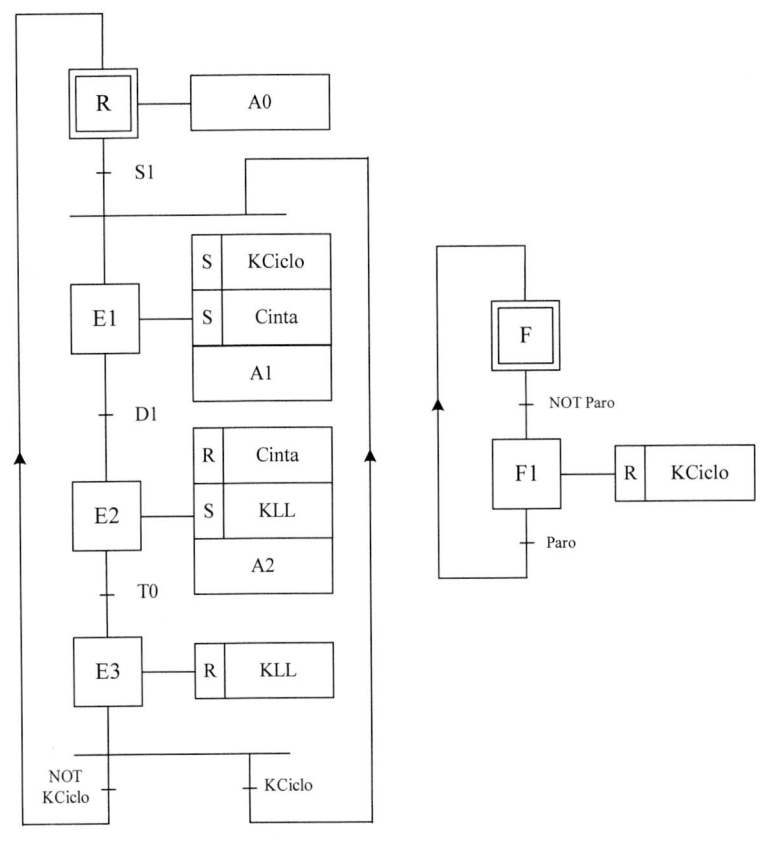

Las transiciones para este programa son:

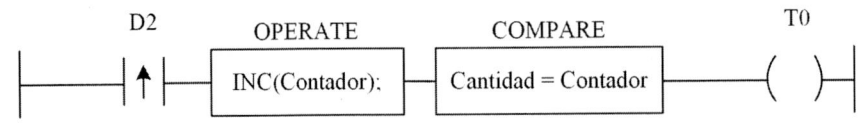

Y las acciones:

A0

OPERATE	OPERATE
MOVE_AREBOOL_INT(N0:8, CantidadBCD);	Cantidad := BCD_TO_INT(CantidadBCD);

A1

OPERATE
Contador:=0;

A2

OPERATE	OPERATE
MOVE_INT_AREBOOL(ContadorBCD, V0:8);	ContadorBCD := INT_TO_BCD(Contador);

Problema 1.8

Se desea controlar el llenado del depósito 3 de la figura mediante el contenido de los depósitos 1 y 2 que abastecen a este último.

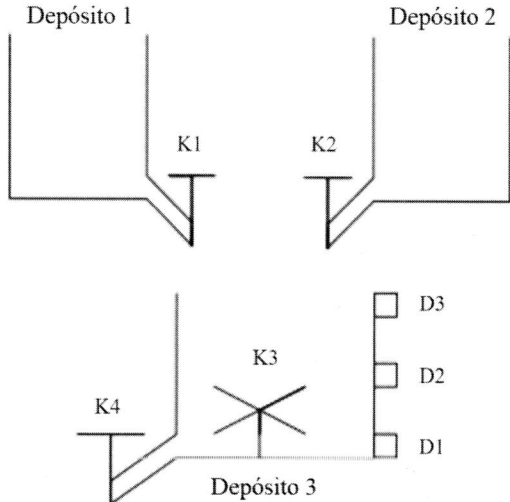

El sistema se inicia al pulsar marcha (S1, NA). En ese momento, se produce la activación de K1 y K2 (apertura de los depósitos 1 y 2), iniciándose el llenado del depósito 3. Cuando se alcanza el nivel detectado por D2 en el depósito 3, se desactiva K1, y al alcanzar el nivel detectado por D3, se desactiva K2. Una vez el depósito esté lleno, se activará el mezclador K3 durante 10 segundos, transcurridos los cuales se producirá la apertura de K4 (apertura del depósito 3) hasta que este quede totalmente vacío, en cuyo momento se desactivará K4 y se iniciará un nuevo ciclo.

Existe además un pulsador de paro (S2, NC, que detiene el sistema al finalizar el ciclo en curso), un pulsador de emergencia (E, NA, que detiene automáticamente el sistema) y un pulsador de rearme (R, NA, que permite la continuación del ciclo de trabajo donde se había quedado).

Para completar la solución de este automatismo se pide:

a) Listado de variables de entradas y salidas, así como variables internas utilizadas, incluyendo tipo y descripción.

b) Diagrama de secuencia del automatismo identificando principales etapas y transiciones.

c) Resolución del automatismo programado en GRAFCET.

Resolución

a) Se enumeran las entradas y salidas del sistema.

Entradas: pulsador de Marcha (S1, EBOOL), pulsador de Paro (S2, EBOOL), pulsador de emergencia (E, EBOOL), pulsador de rearme (R, EBOOL), sensores detección de líquido (D1, D2 y D3, EBOOL todos ellos).

Salidas: electroválvulas (K1, K2 y K4, EBOOL todas ellas), motor del mezclador (K3, EBOOL).

Si no se pulsa S2 o E, el sistema debe ir ejecutando ciclos de trabajo, sin la necesidad de ir pulsando S1 constantemente. Para ello, se crea una variable llamada KC (EBOOL), que permitirá al sistema volver a empezar un ciclo una vez haya acabado de realizar el actual.

Cuando se pulse E, todas las salidas se deben desactivar, y una vez se pulse R, las salidas que en aquel momento estuvieran activadas, se deben volver a activar. Por ello, se crea una variable P (EBOOL), que permitirá activar estas salidas cuando se pulse R.

b) Diagrama de secuencia

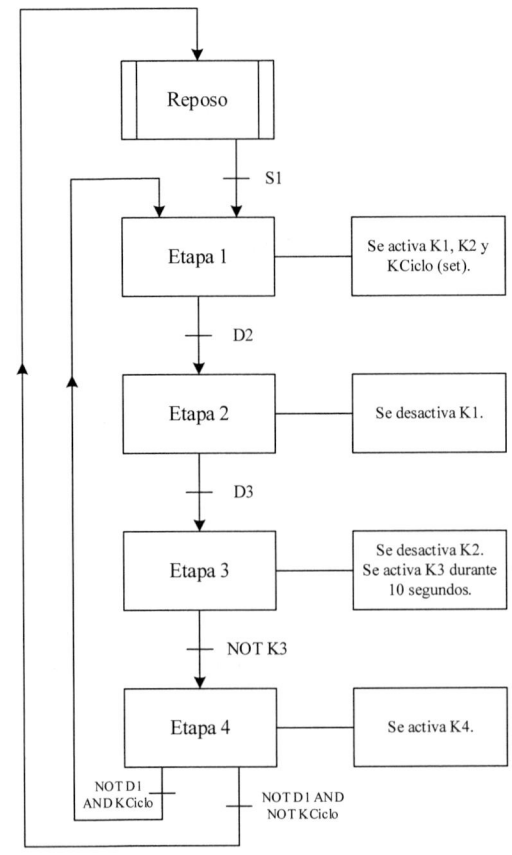

c) Solución programada en GRAFCET

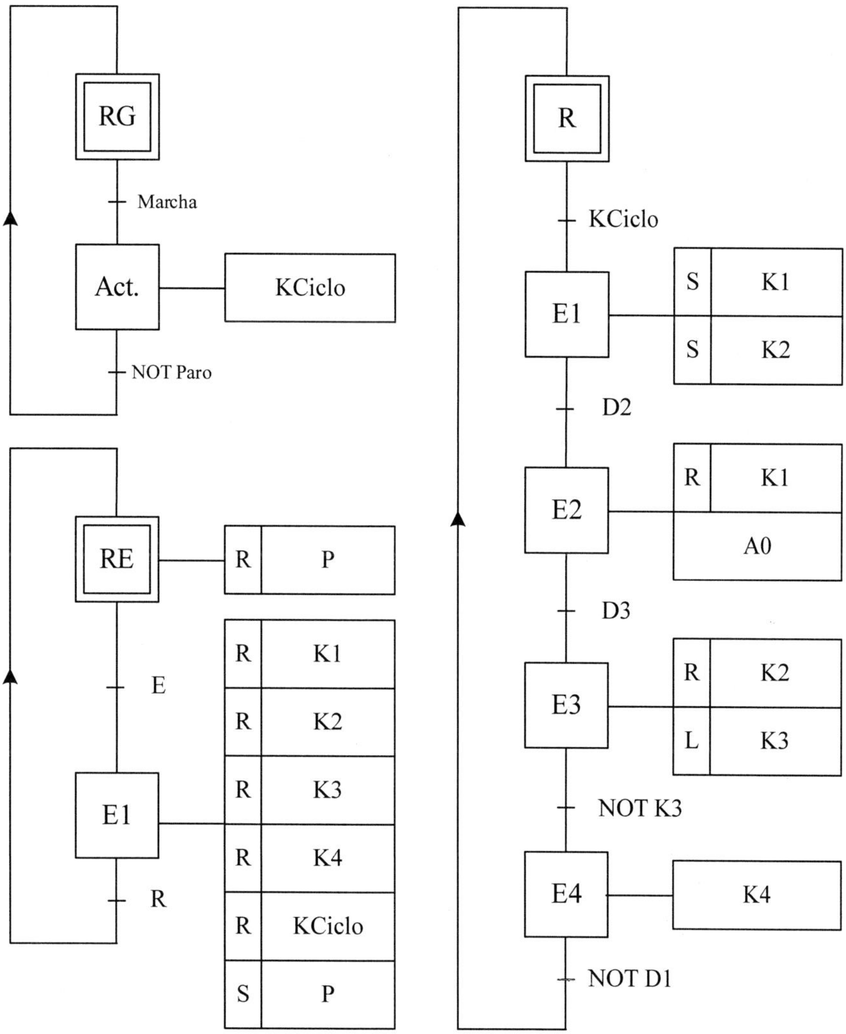

RG	
— Marcha	
Act. —— KCiclo	
— NOT Paro	

R		
— KCiclo		
E1	S	K1
	S	K2
— D2		
E2	R	K1
	A0	
— D3		
E3	R	K2
	L	K3
— NOT K3		
E4 —— K4		
— NOT D1		

RE	R	P
— E	R	K1
	R	K2
	R	K3
E1	R	K4
— R	R	KCiclo
	S	P

Y las acciones para este programa serán:

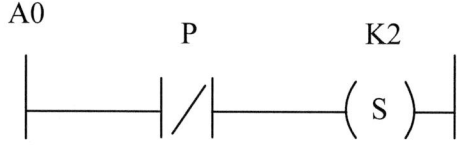

A0   P   K2
|——————|/|——————(S)——|

Problema 1.9

Realizar el programa de arranque estrella/triángulo de un motor trifásico, sabiendo que el sistema se pone en marcha a través de un impulso inicial del pulsador de marcha (S1, NA), entrando a trabajar en estrella. Transcurridos 8 segundos, se desconecta el contactor de estrella (KE). Pasados 2 segundos, se activa el contactor de triángulo (KT), trabajando de este modo en régimen permanente.

En cualquier momento se puede pulsar paro (S2, NA), deteniendo automáticamente el sistema.

Para completar la solución de este automatismo se pide:

a) Listado de variables de entradas y salidas, así como variables internas utilizadas, incluyendo tipo y descripción.
b) Diagrama de secuencia del automatismo identificando principales etapas y transiciones.
c) Resolución del automatismo programado en GRAFCET.

Resolución

a) Se enumeran las entradas y salidas del sistema.

Entradas: pulsador de Marcha (S1, EBOOL), pulsador de Paro (S2, EBOOL).
Salidas: contactor de estrella (KE, EBOOL), contactor en triángulo (KT, EBOOL).

b) Diagrama de secuencia

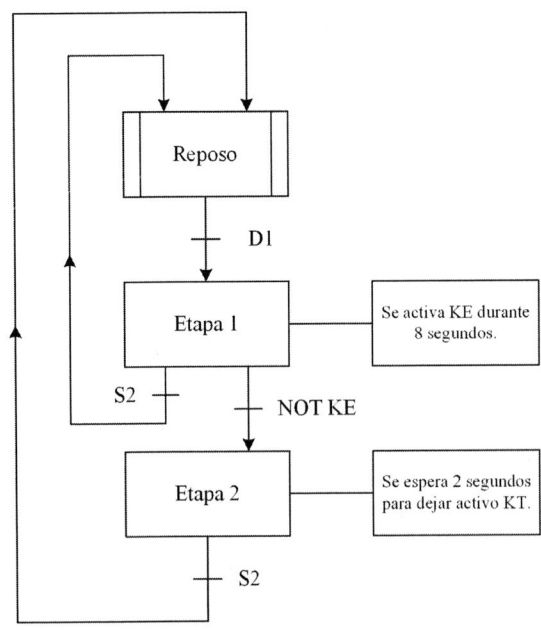

c) Solución programada en GRAFCET

Para la programación, sencillamente es necesario traducir el diagrama de secuencia al programa, ya que los esquemas son muy similares.

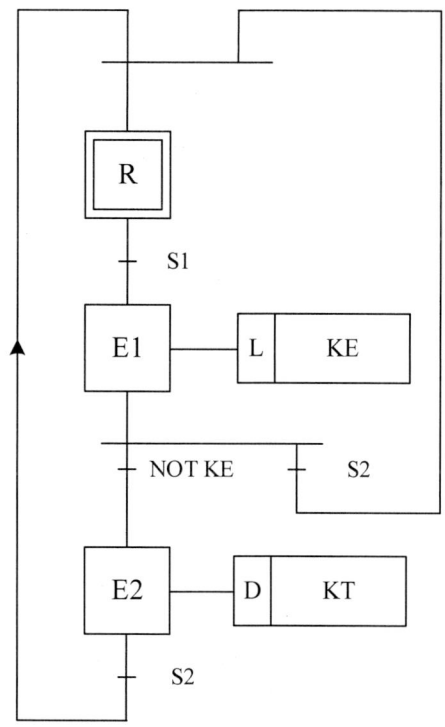

Problema 1.10

Realizar el programa de control en GRAFCET del sistema mostrado en la figura:

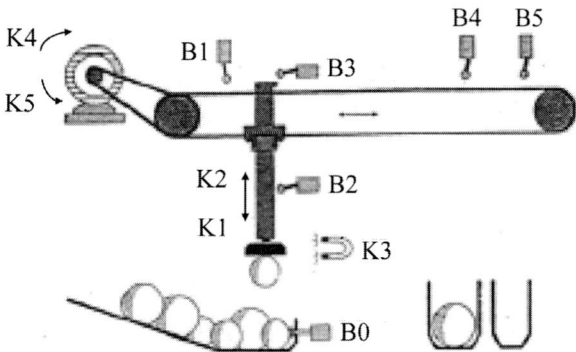

Partiendo del sistema en reposo, B1 y B3, al pulsar marcha (S1, NA) se inicia el ciclo continuo.

Si hay presencia de bola (B0 activa), desciende el brazo K1 durante 2 segundos. Pasados estos 2 segundos, si B2 se activa, indica que la bola es pequeña. En caso contrario, se trata de una bola grande.

En ambos casos, se activa el electroimán K3, y pasado un segundo, se sube el brazo a través de K2.

Tanto si la bola es grande o pequeña, se activa el movimiento a derecha con K4, hasta B4 si la bola es grande, y hasta B5 si la bola es pequeña.

En la posición final (B4 o B5), desciende el brazo hasta detectar B2, desactivando K3. Se espera 1 segundo, pasado el cual sube hasta detectar B3 y vuelve a la posición de reposo con el movimiento generado con K5 hasta detectar B1 y B3 (ambos activos).

En cualquier momento se puede pulsar paro (S2, NC), que detendrá el sistema una vez haya acabado el ciclo que está realizando.

Para completar la solución de este automatismo se pide:

a) Listado de variables de entradas y salidas, así como variables internas utilizadas, incluyendo tipo y descripción.

b) Diagrama de secuencia del automatismo identificando principales etapas y transiciones.

c) Resolución del automatismo programado en GRAFCET.

Resolución

a) Se enumeran las entradas y salidas del sistema.

Entradas: pulsador de Marcha (S1, EBOOL), pulsador de Paro (S2, EBOOL), detectores de posición (B0, B1, B2, B3, B4 y B5, EBOOL todos ellos).

Salidas: brazo vertical (K1 desciende, K2 asciende, EBOOL ambos), electroimán (K3, EBOOL), movimiento horizontal (K4 derecha, K5 izquierda, EBOOL ambos).

Como se debe seguir un ciclo continuo, se añade la variable KC (EBOOL), que permite volver a iniciar un ciclo de trabajo sin la necesidad de volver a pulsar S1, si no se ha pulsado S2.

b) Diagrama de secuencia

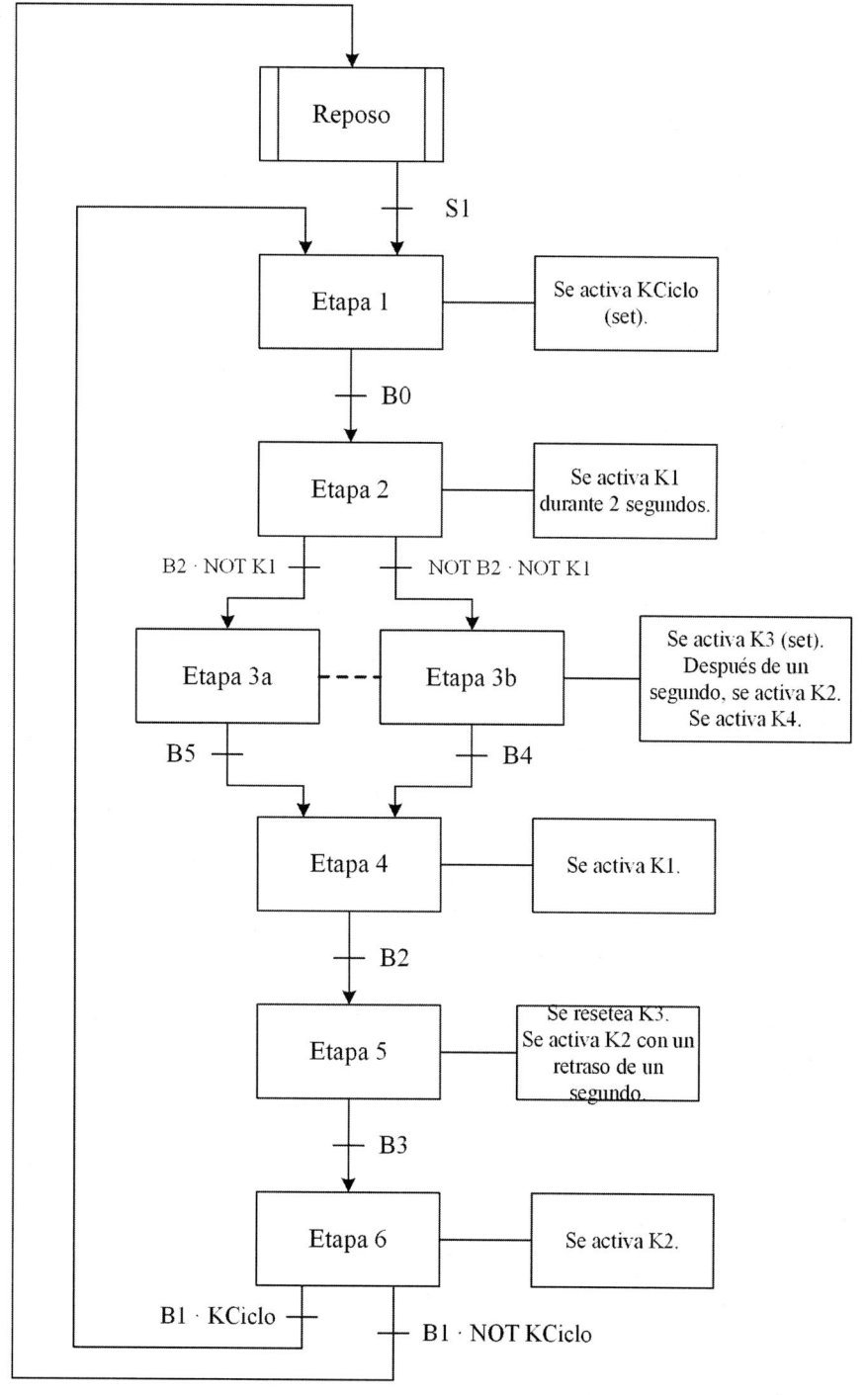

c) Solución programada en GRAFCET

Para realizar la programación, solo es necesario adaptar el diagrama de secuencia y añadir el ciclo de control de la variable KCiclo.

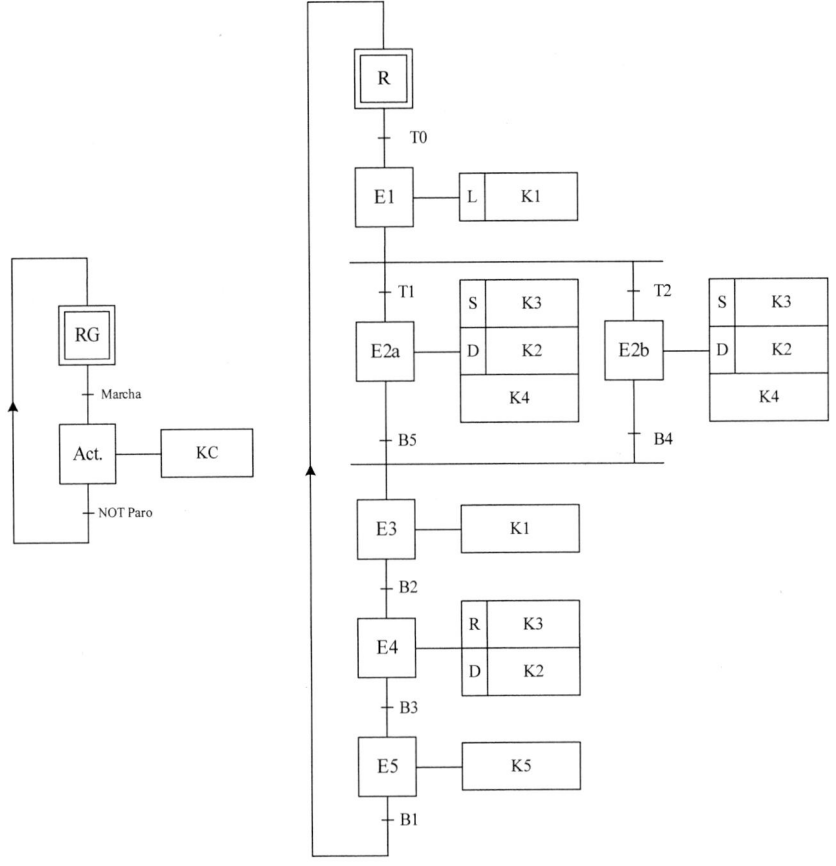

Las transiciones para este programa son:

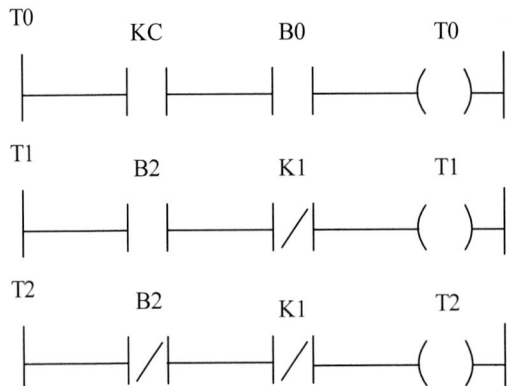

Problema 1.11

Diseñar un programa que active la expulsión de un cilindro de simple efecto con retorno con muelle (KC), controlado por una válvula 5/2 accionada por solenoide y muelle, de tal manera que al activarse la entrada S1, expulse el cilindro y lo mantenga en posición de extensión, y luego recoja el cilindro. El tiempo que permanecerá el cilindro expulsado lo indicarán las entradas B3 a B0, mediante la instrucción de transferencia. Para completar la solución de este automatismo se pide:

a) Listado de variables de entradas y salidas, así como variables internas utilizadas, incluyendo tipo y descripción.

b) Diagrama de secuencia del automatismo identificando principales etapas y transiciones.

c) Resolución del automatismo programado en GRAFCETGRAFCET.

Resolución

La resolución de este automatismo se hace incluyendo instrucciones en "ST". *Véase capítulo 4.*

a) Se enumeran las entradas y salidas del sistema.

Entradas: pulsador de Marcha (S1, EBOOL), pulsadores de selección de tiempo (B0-B3, EBOOL).

Salidas: cilindro de simple efecto (KC, EBOOL).

Se debe añadir una variable tipo TIME, llamada Tiempo, ya que esta irá variando según lo que desee el operario. Para conseguir el valor en TIME, se deberá añadir también una variable tipo INT, llamada INTTiempo, que será la encargada de almacenar el número que introduce el operario.

b) Diagrama de secuencia

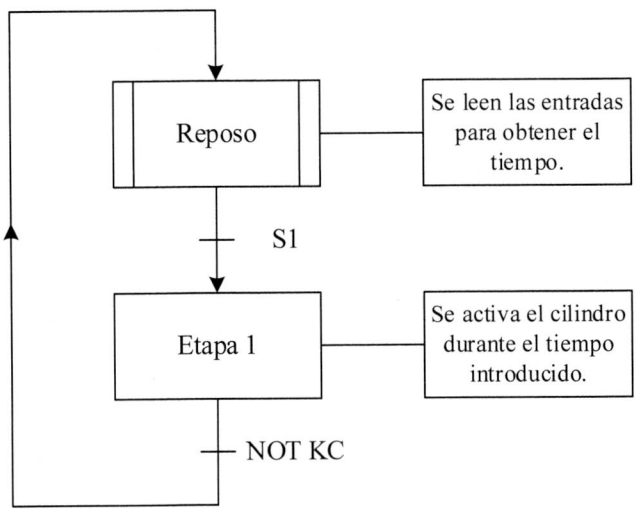

c) Solución programada en GRAFCET

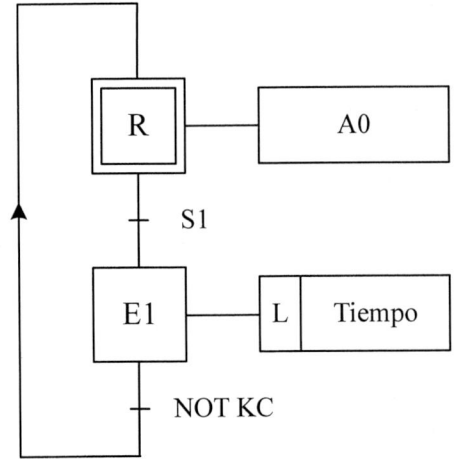

Y las acciones para este programa son:

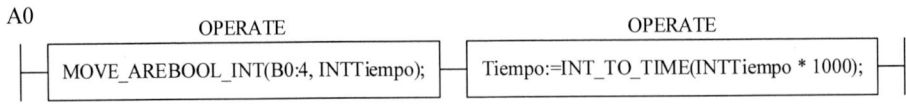

Problema 1.12

Se desea controlar el funcionamiento de una máquina de llenado de vasos de helado. Los vasos se llenan en grupos de cuatro mediante 4 boquillas. Una vez se pulsa marcha (S1, NA), se activa la cinta transportadora C, y 5 segundos después, un grupo de cuatro vasos estará colocado debajo de las cuatro boquillas (B0-B3), parándose dicha cinta e iniciándose el llenado.

Existen dos tipos de vasos: pequeño y grande, siendo el tiempo de llenado para cada uno de ellos de 3 y 5 segundos respectivamente, que se seleccionará mediante un conmutador conectado a la entrada S3 (si S3 no está pulsado, corresponde a un vaso pequeño; mientras que si S3 está pulsado, corresponderá a un vaso grande).

Una vez llenos los vasos, se reanudará el movimiento de la cinta transportadora y pasados cinco segundos se repetirá un nuevo ciclo de llenado. Así sucesivamente hasta que se pulse paro (S2, NC), momento en el que se detendrá al finalizar el ciclo de trabajo.

Se dispone así mismo un contador que realiza el contaje del número de vasos llenados que lleva el sistema, mostrándose en BCD en las salidas V15-V0 (0 a 9999) pasando a cero cada vez que se pulse S4.

Para completar la solución de este automatismo se pide:

a) Listado de variables de entradas y salidas, así como variables internas utilizadas, incluyendo tipo y descripción.

b) Diagrama de secuencia del automatismo identificando principales etapas y transiciones.

c) Resolución del automatismo programado en GRAFCET.

Resolución

La resolución de este automatismo, se hace incluyendo instrucciones en "ST". *Véase capítulo 4.*

a) Se enumeran las entradas y salidas del sistema:

Entradas: pulsador de Marcha (S1, EBOOL), pulsador de Paro (S2, EBOOL), selector de vaso (S3, EBOOL), pulsador de reseteo del contador (S4, EBOOL).

Salidas: movimiento de la cinta (C, EBOOL), boquillas (B0-B3, EBOOL), visualizador de número de botellas (V0-V15, EBOOL).

En este problema se requiere contar, por lo se deberá tener una variable tipo INT que vaya contando el número de ciclos. Para ello, se crea una variable llamada Contador, y como su propio nombre indica, se usará para contar el número de ciclos realizados. También se deberá tener en cuenta que se deberá pasar a BCD, por lo que se deberá crear otra variable, pero que almacene el valor de Contador en BCD. A esta nueva variable se le llamará ContBCD.

Al tratarse de un ciclo continuo, y hasta que no se pulse Paro, el ciclo irá haciendo, se debe crear una variable que permita almacenar este estado. Esta variable será KC (EBOOL), y cuando se pulse S1 se activará, y así permanecerá hasta que no se pulse S2.

Finalmente, como el tiempo de llenado puede ser variable, se opta por crear una variable de tipo TIME, llamada Tiempo, y su valor cambiará en función de si se pulsa S3 o no.

b) Diagrama de secuencia

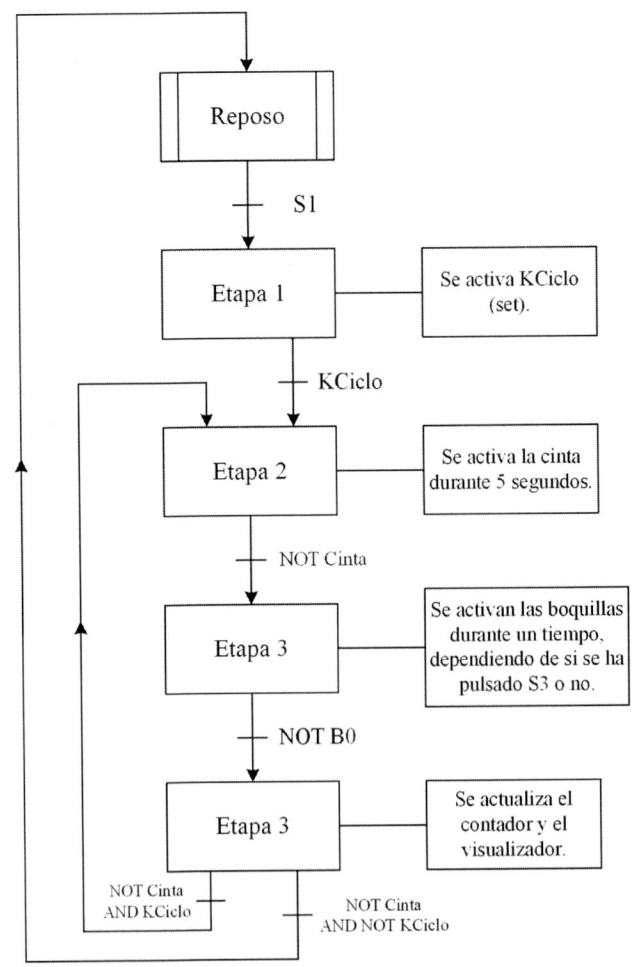

c) Solución programada en GRAFCET

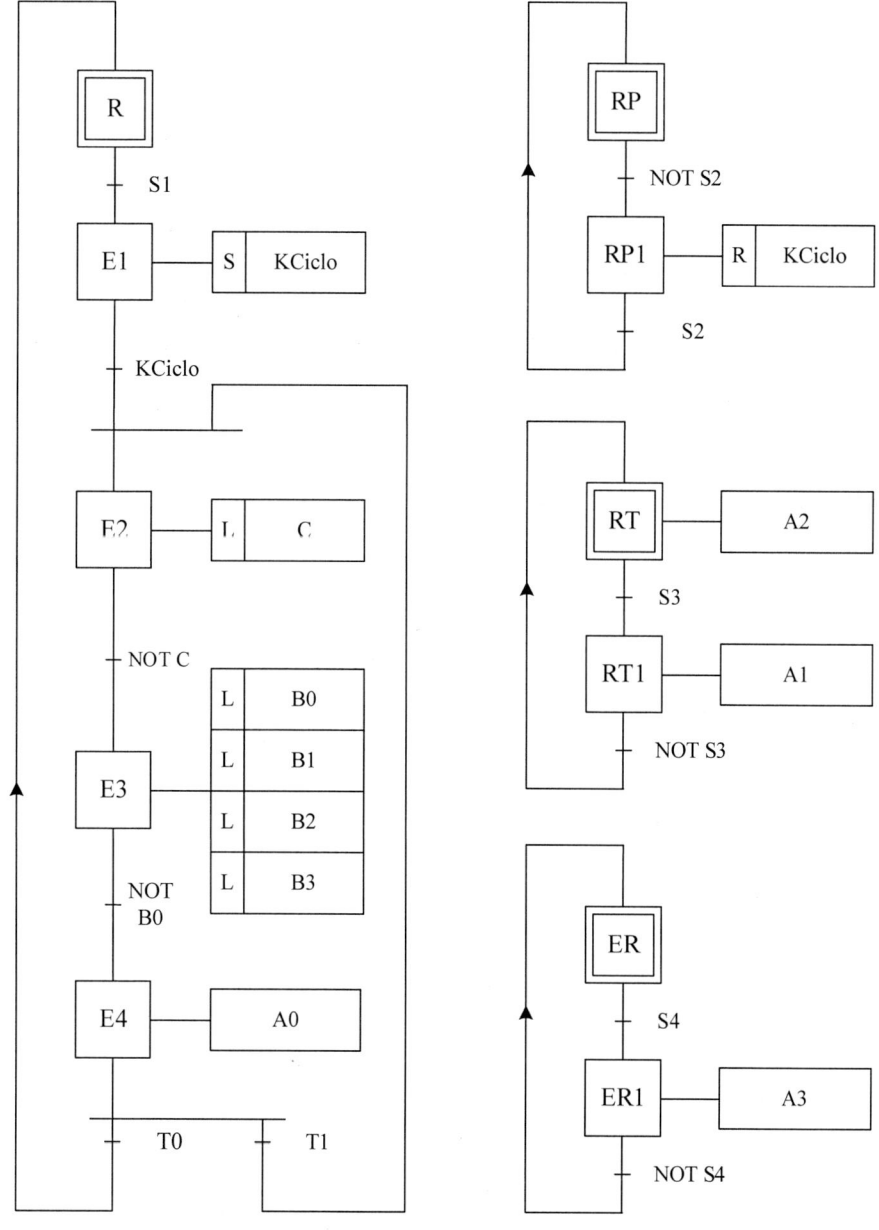

Las transiciones para este programa son:

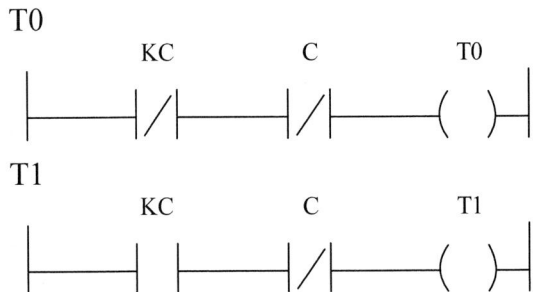

Y las acciones son:

A0

OPERATE	OPERATE
INC(Contador);	ContBCD := INT_TO_BCD(Contador);

OPERATE

MOVE_INT_AREBOOL(ContBCD, V0:16);

A1

OPERATE

Tiempo := T#5s;

A2

OPERATE

Tiempo := T#3s;

A3

OPERATE	OPERATE
Contador := 0;	MOVE_INT_AREBOOL(Contador, V0:16);

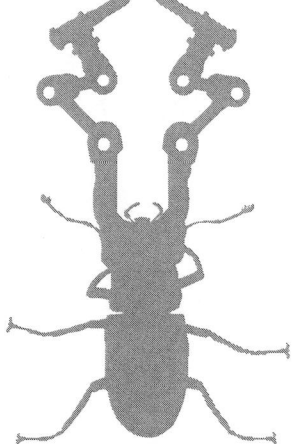

Diseño de automatismos
programados sobre procesos
discretos mediante
diagrama de contactos

Problema 2.1

Diseñar el automatismo programado correspondiente para realizar el control de una depuradora de agua como la mostrada en la figura de acuerdo al siguiente ciclo de trabajo:

- Con el sistema en reposo, al pulsar marcha M, N.A., S1, se inicia el ciclo continuo activando la primera bomba, B1. El sistema está en reposo cuando el nivel de agua está por debajo del detector de nivel 1 N.A., D1, y la válvula, V, está cerrada.

- Al llegar el agua al detector de nivel 2 N.A., D2, se activa la bomba B2, echando sosa y otras sustancias hasta que el nivel del depósito llegue al detector de nivel 3 N.A., D3, parándose entonces B2.

- La bomba B1 seguirá funcionando hasta que el agua llegue al detector de nivel 4 N.A., D4, en ese momento se desactivará B1.

- Con las dos bombas detenidas y el depósito lleno, se activará entonces la válvula V dejando pasar el agua procesada y ya depurada.

- Cuando el nivel quede por debajo del detector de nivel 1 N.A., D1, la válvula se cerrará y se volverá a conectar B1, repitiendo el ciclo de trabajo hasta pulsar Paro N.C., S2, acabando el ciclo que se está realizando y quedando el sistema en reposo.

Para completar la solución de este automatismo se pide:

a) Listado de variables de entradas y salidas, así como variables internas utilizadas, incluyendo tipo y descripción.

b) Diagrama de secuencia del automatismo identificando principales etapas y transiciones.

c) Resolución programada en lenguaje Ladder mediante el método etapas-transiciones.

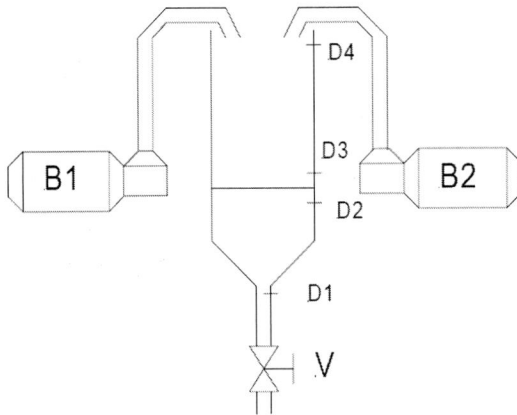

Resolución

a) Se enumera las entradas y salida de sistema.

Entradas: pulsador de Marcha S1 tipo EBOOL; pulsador de Paro S2 tipo EBOOL; detectores de nivel D1, D2, D3, D4, todos tipo EBOOL; memoria de ciclo, KCiclo (KC) tipo EBOOL. Esta última variable, KC, se usa para memorizar el estado del ciclo continuo.

Salidas: válvula V tipo EBOOL, bomba hidráulica B1 y B2, ambas tipos EBOOL.

Al momento de resolver este problema por etapas y transiciones, se debe tener en cuenta el número de etapas que hay en el sistema. En este caso, se pueden identificar 6 etapas: Reposo (Rep), Etapa 1 (E1), Etapa 2 (E2), Etapa 3 (E3), Etapa 4 (E4) y Etapa 5 (E5).

b) Diagrama de secuencia

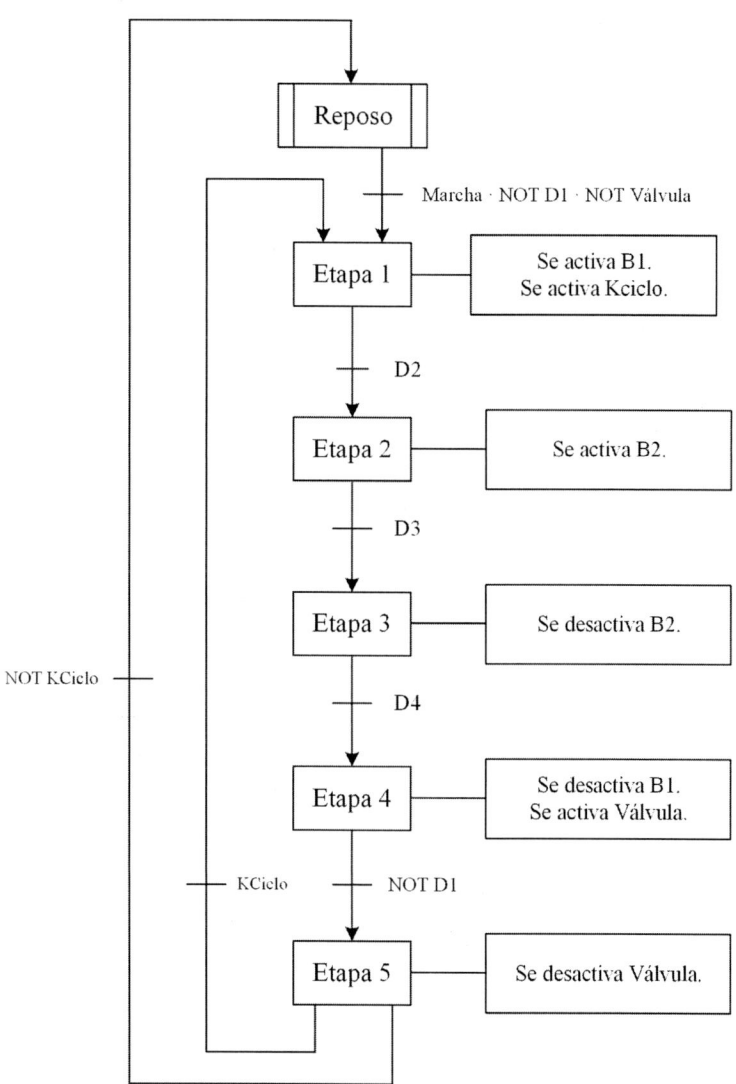

c) Solución programada

Se propone el uso de la variable interna %S13 del PLC para situar el ciclo en un estado de reposo y permitir así al sistema estar a la espera hasta que se cumpla la condición activadora de la transición.

Para este ejercicio, la solución programada será muy parecida al diagrama de secuencia, ya que, al ser variables discretas, la programación resulta más sencilla.

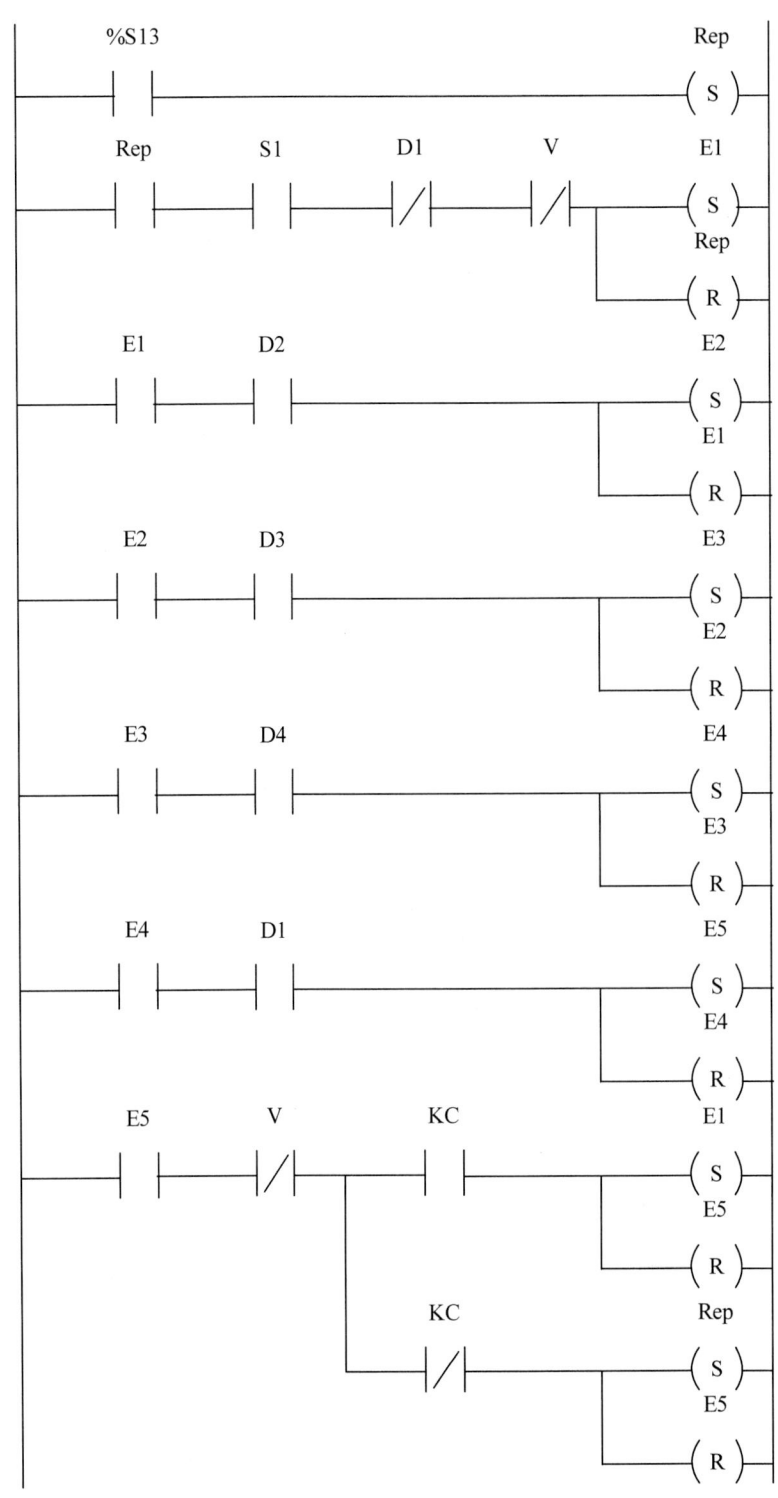

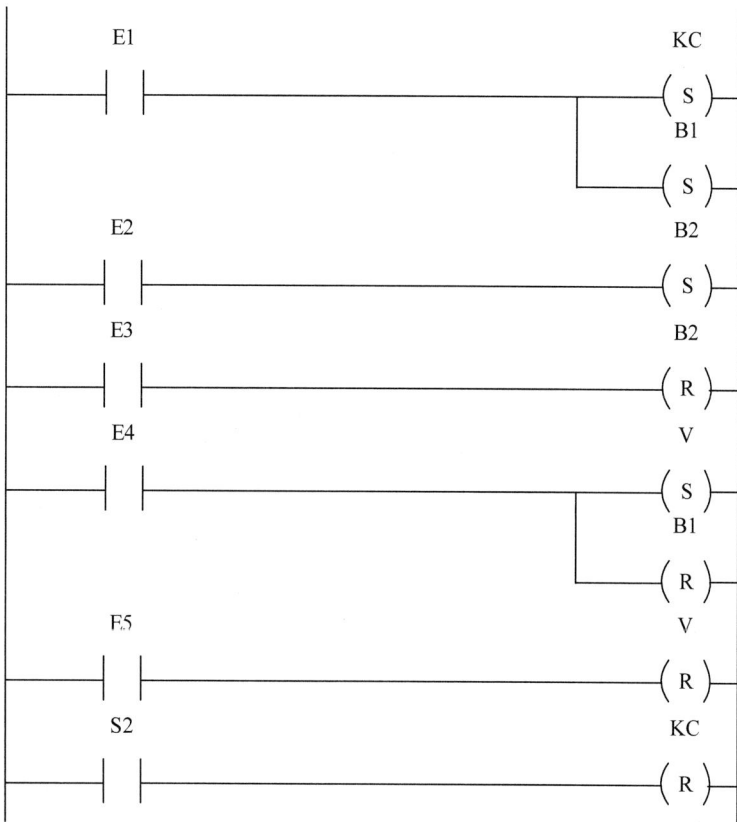

Problema 2.2

Se desea controlar el llenado del depósito 3 de la figura mediante el contenido de los depósitos 1 y 2 que abastecen a este último.

El sistema se inicia al pulsar Marcha. En ese momento se produce la activación de las válvulas de apertura de los depósitos 1 y 2 (K1 y K2), iniciándose el llenado del depósito 3. Cuando se alcanza el nivel detectado por D2 en el depósito 3, se desactivará K1 y al alcanzar el nivel detectado por D3, se desactivará K2. Una vez el depósito lleno, se activará el mezclador K3 durante 10 segundos, transcurridos los cuales se producirá la apertura de la válvula K4 de vaciado del depósito 3, hasta que este quede completamente vacío (D1 deje de detectar), en cuyo momento desactivará K4 e iniciará un nuevo ciclo.

Hay además un pulsador de paro N.C. (que detiene el sistema al finalizar el ciclo en curso). Existe un pulsador de emergencia SE, N.C., que detiene automáticamente el sistema y un pulsador de rearme SR, N.A., que permite la continuación del ciclo de trabajo donde se había quedado.

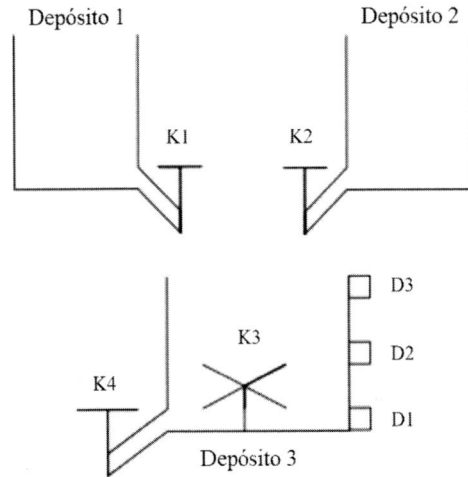

Para completar la solución de este automatismo se pide:

a) Listado de variables de entrada y salida.

b) Diagrama de secuencia.

c) Resolución a través del método etapas-transiciones en Ladder.

Resolución

a) Se enumera las entradas y salida de sistema.

Entradas: detectores D1, D2 y D3 (EBOOL), pulsador de Marcha (S1, EBOOL), pulsador de Paro (S2, EBOOL), pulsador de Emergencia (SE, EBOOL), pulsador de Rearme (SR, EBOOL), KCiclo, (KC, EBOOL, sirve para saber que se ha pulsado Marcha, y todavía no se ha pulsado Paro).

Salidas: válvulas de Apertura de los depósitos 1, 2 y 4 (K1, K2, K4, EBOOL), mezclador (K3, EBOOL).

Al resolver el problema con el método de etapas-transiciones, se debe tener en cuenta el número de etapas. En este caso serán 6 etapas: Reposo (Rep), Etapa 1 (E1), Etapa 2 (E2), Etapa 3 (E3), Etapa 4 (E4), Etapa 5 (E5).

Se sabe de antemano que será necesario esperar 10 segundos, así que creamos una variable que podrá ser útil más adelante. Se llamará T10s y será tipo EBOOL.

b) Diagrama de secuencia

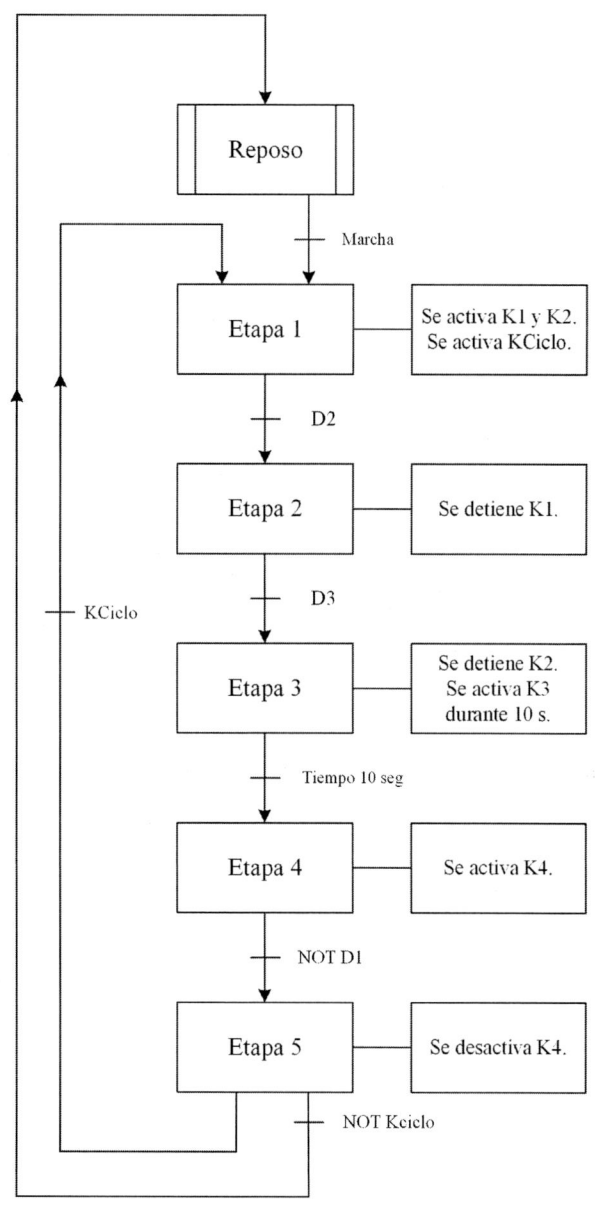

c) Solución programada

Como previamente se ha comentado y el ejercicio pide, el ciclo va a tener 6 estados, y en el último va a tener la opción de ir al Reposo o a la Etapa 1 en función de si se ha pulsado Paro en el proceso del sistema.

La programación tiene un contacto NC casi en su totalidad. Esto es debido a que hay un pulsador que es el Paro de Emergencia y esto debe hacer que se detenga el sistema por completo. También posee un pulsador de Rearme, que permite al ciclo empezar desde donde se pulsó el Paro de Emergencia.

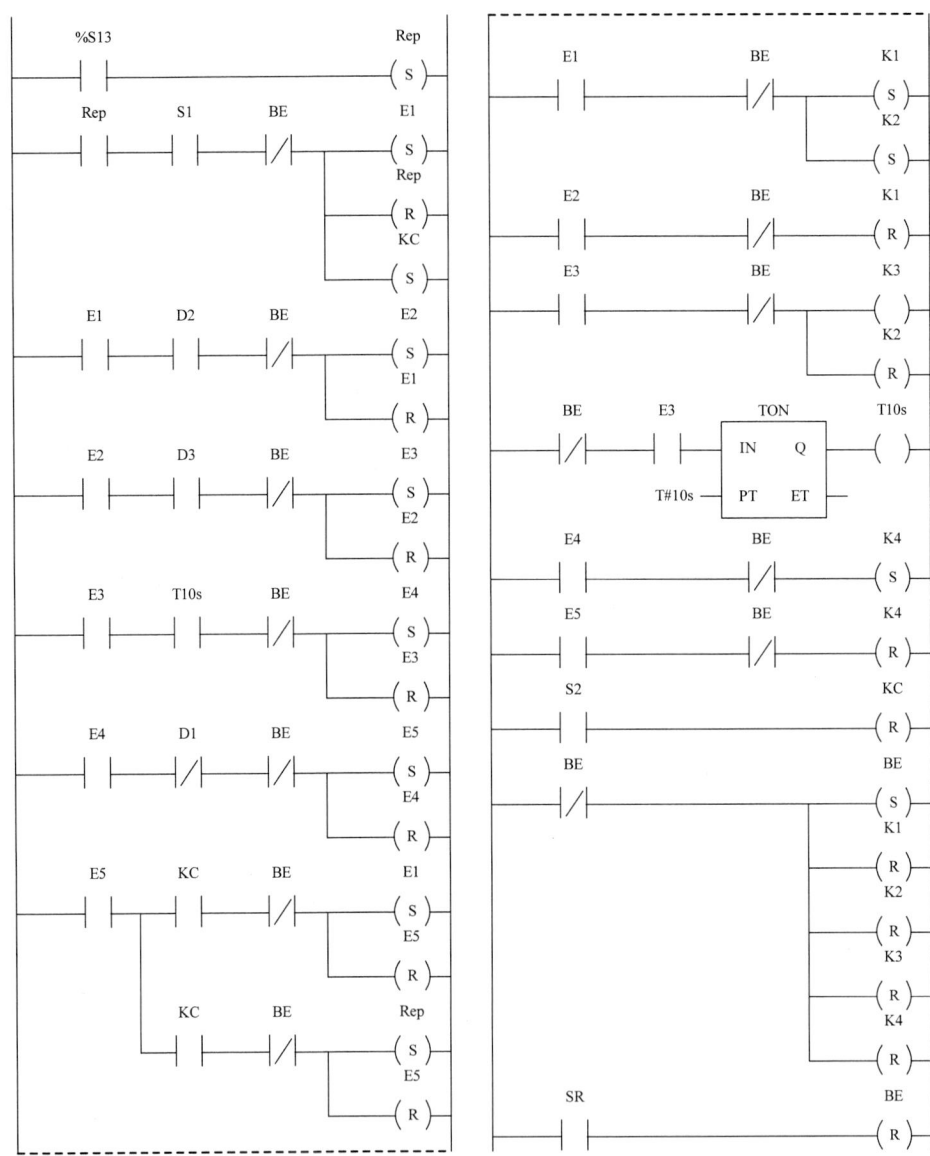

Problema 2.3

Realizar el programa de arranque estrella/triángulo de un motor trifásico, sabiendo que el sistema se pone en marcha a través de un impulso inicial del pulsador de marcha entrando a trabajar en estrella. Transcurridos 8 segundos, se desconecta el contactor de estrella, se espera 2 segundos y se activa el contactor de triángulo, trabajando de este modo en régimen permanente.

En cualquier momento se puede pulsar Paro, deteniendo automáticamente el sistema.

Referencias:

- S1: Pulsador de paro NC

- S2: Pulsador de marcha

- CT: Contactor de triángulo

- CE: Contactor de estrella

Para completar la solución de este automatismo se pide:

a) Listado de variables del sistema.

b) Diagrama de secuencia.

c) Resolución programada mediante el método de etapas-transiciones en Ladder.

Resolución

a) Se enumera las entradas y salida de sistema.

Entradas: pulsador de Marcha (S1, EBOOL), pulsador de Paro (S2, EBOOL).
Salidas: contactor de triángulo (CT, EBOOL), contactor de estrella (CE, EBOOL).

Al resolver este problema por etapas, se puede ver que está formado por 4 etapas. Por lo que cada una de ellas deberá estar asociada a un bit de memoria para que el programa pueda marcar la secuencia entre etapas. Para ello se enumeran de la siguiente manera: Reposo (Rep), Etapa 1 (E1), Etapa 2 (E2), Etapa 3 (E3).

También se puede observar cómo hay 2 temporizadores que condicionan alguna transición. Se les asignarán los siguientes nombres: T8s al bit que indica que han pasado los 8 segundos y T2s al bit que indica que han pasado los 2 segundos.

b) Diagrama de secuencia

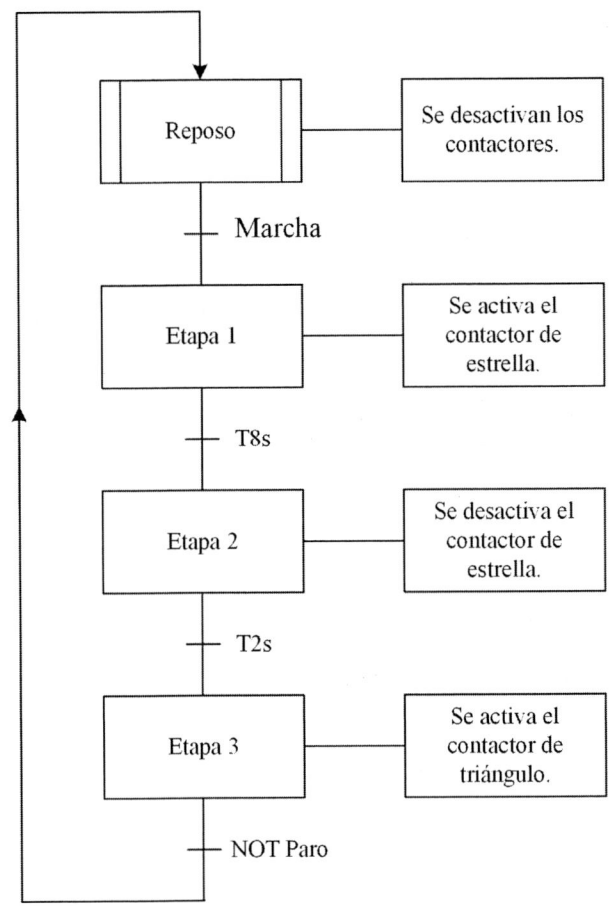

c) Solución programada

El programa se inicia con la instrucción %S13 para empezar en la etapa de Reposo, esperando al pulsador de Marcha para dar inicio al ciclo.

Se debe tener en cuenta que al pulsar Paro en cualquier momento, el ciclo se debe detener y volver al estado inicial. Para ello solo es necesario añadir una línea de código donde se ejecute todas las instrucciones necesarias.

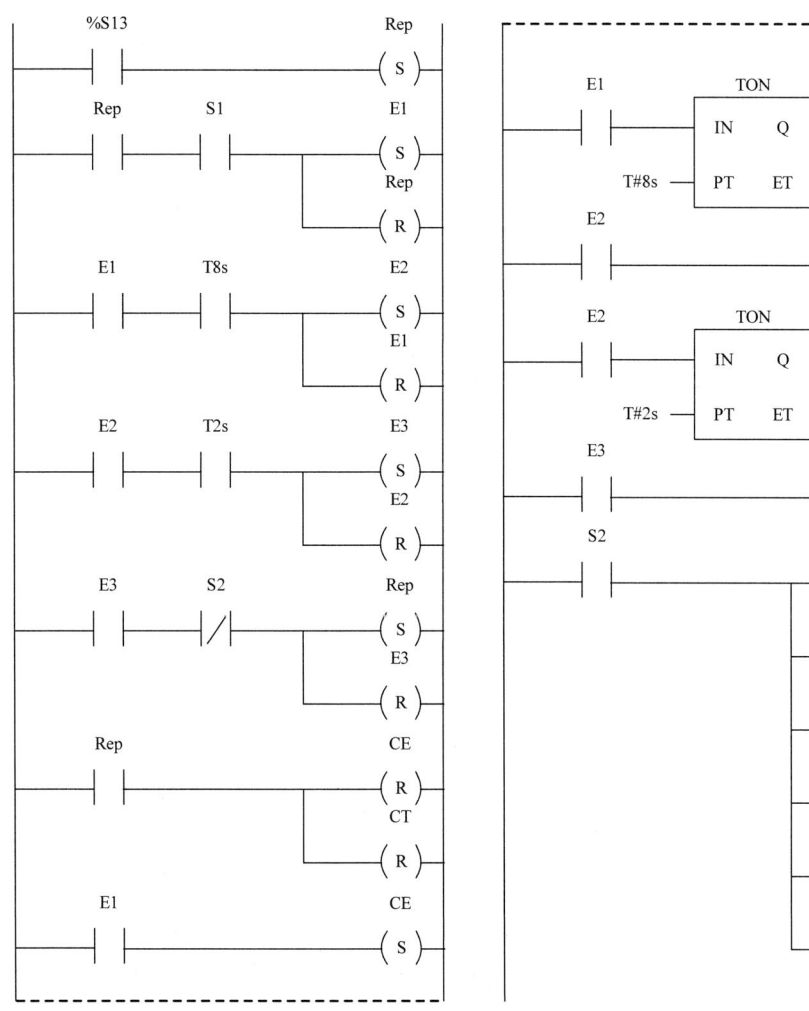

Problema 2.4

En la figura se muestran dos husillos sobre los que se pueden desplazar dos móviles. Los husillos son movidos por dos motores con doble sentido de giro:

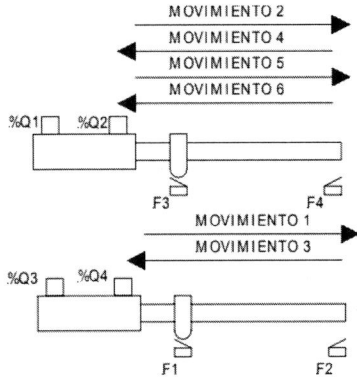

Diseñar el automatismo para que al pulsar Marcha, los móviles realicen la secuencia indicada suponiendo que para que arranquen (en un sentido u otro) los husillos deben estar tocando sus correspondientes finales de carrera.

Referencias:
- M1: Movimiento a izquierda del husillo 1
- M2: Movimiento a derecha del husillo 1
- M3: Movimiento a izquierda del husillo 2
- M4: Movimiento a derecha del husillo 2
- F1: Final de carrera inicial para el husillo 2
- F2: Final de carrera posterior para el husillo 2
- F3: Final de carrera inicial para el husillo1
- F4: Final de carrera posterior para el husillo 1

Para completar la solución de este automatismo se pide:

- *a)* Listado de variables del sistema
- *b)* Diagrama de secuencia
- *c)* Solución programada del problema en Ladder mediante el método etapas-transiciones.

Resolución

a) Se enumera las entradas y salida de sistema.

Entradas: pulsador de Marcha (S1, EBOOL), F1 (final de carrera inicial del husillo 2, EBOOL), F2 (final de carrera posterior del husillo 2, EBOOL), F3 (final de carrera inicial del husillo 1, EBOOL), F4 (final de carrera posterior del husillo 1, EBOOL).

Salidas: accionador de movimiento a izquierda del husillo 1 (M1, EBOOL), accionador de movimiento a derecha del husillo 1 (M2, EBOOL), accionador de movimiento a izquierda del husillo 2 (M3, EBOOL), accionador de movimiento a derecha del husillo 2 (M4, EBOOL).

Se puede ver a simple vista, que el problema tiene diferentes etapas, 7 en este caso. Cada una de ellas se debe marcar de alguna manera en el programa, así que se reservarán bits de memoria para poder diferenciar qué etapa esta activa y cuáles no lo están.

Para ello enumeramos: Etapa de Reposo (Rep), Etapa 1 (E1), Etapa 2 (E2), Etapa 3 (E3), Etapa 4 (E4), Etapa 5 (E5), Etapa 6 (E6).

b) Diagrama de secuencia

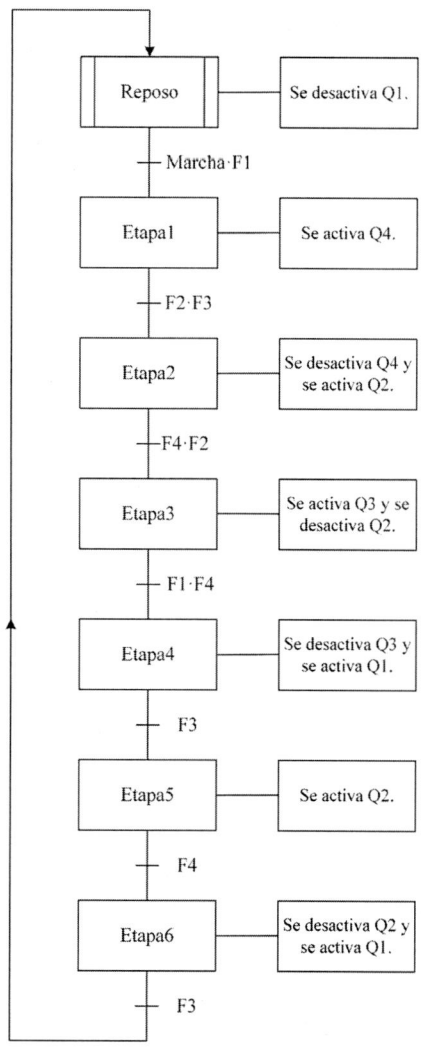

c) Solución programada

Para empezar la resolución, el programa se incia con el comando %S13 para marcar al PLC que el sistema se encuentra en el estado de reposo, para así poder empezar el ciclo una vez se cumplan las condiciones.

En este caso, la programación es sencilla, ya que simplemente en cada etapa se activan y desactivan ciertos elementos y a medida que se cumplen las transiciones, se va avanzando en el ciclo.

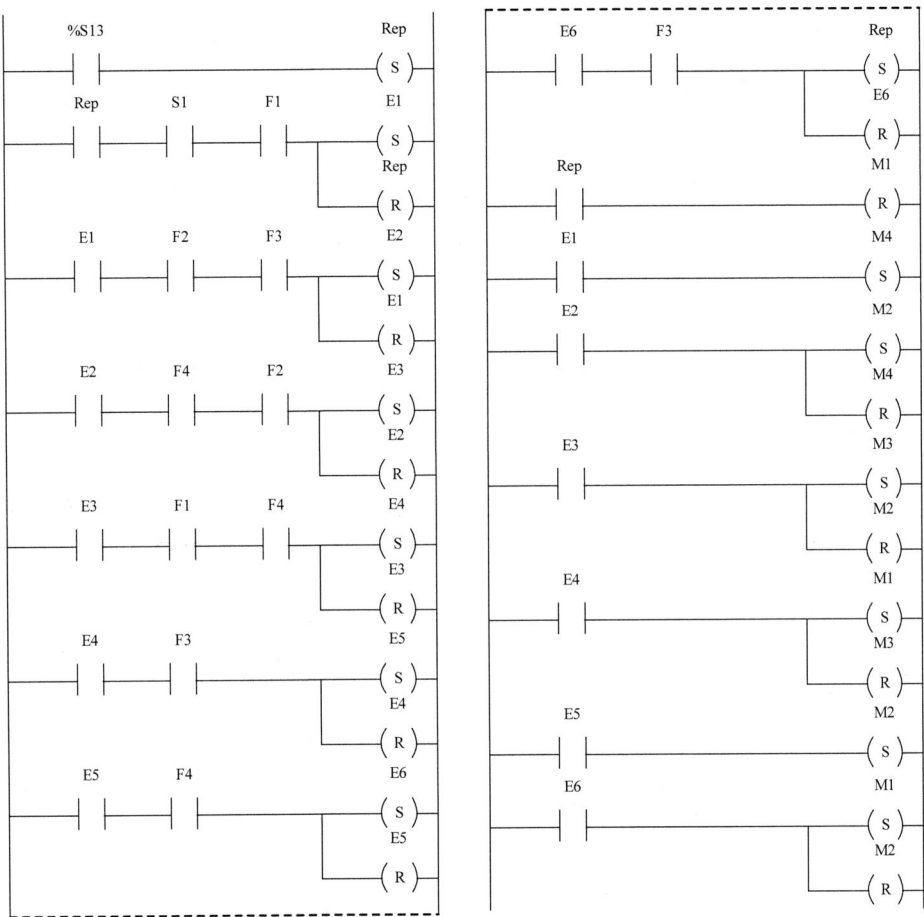

Problema 2.5

Realizar un programa que funcione como un controlador de marcha/paro de un motor de corriente continua, siguiendo el ciclo de Trabajo que se presenta a continuación:

- Al pulsar Marcha, el motor se activará, y permanecerá en ese estado hasta pulsar Paro (NC).
- Al pulsar manual, el motor girará mientras esté pulsado, en el momento que se deje de pulsar, el motor se parará.

Para completar la solución de este automatismo se pide:

- *a)* Listado de variables
- *b)* Diagrama de secuencia
- *c)* Resolución programada en Ladder mediante el método etapas-transiciones.

Resolución

a) Se enumera las entradas y salida de sistema.

Entradas: pulsador de Marcha (S1, EBOOL), pulsador de Paro (S2, EBOOL), pulsador manual (S3, EBOOL).

Salidas: motor de continua (M, EBOOL).

Al tener diferentes etapas, se deben nombrar para poder diferenciar el estado en el que se encuentra el PLC. Hay 3 posibles etapas, que se llamarán: Reposo (Rep), Etapa 1 (E1) y Etapa 2 (E2).

b) Diagrama de secuencia

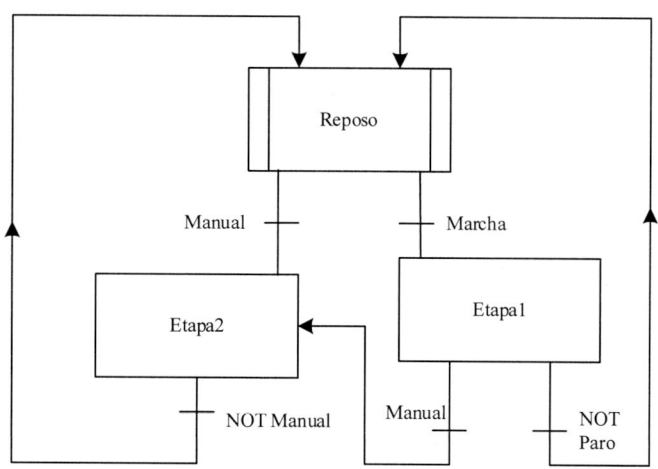

c) Resolución programada

Se usa el comando %S13 para situar al PLC en el estado de reposo, a la espera de que el operario pulse alguno de los pulsadores para iniciar el ciclo de trabajo.

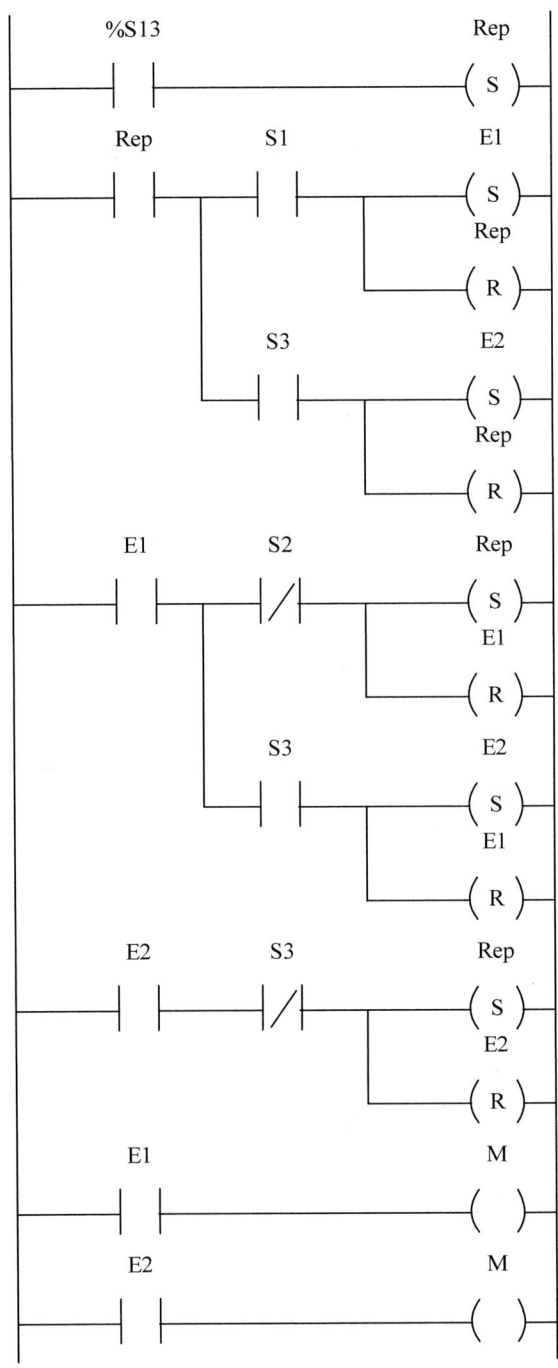

Problema 2.6

Modificar el programa anterior para que el motor se pare si ocurre una alarma, no permitiendo una nueva puesta en marcha si previamente no se ha efectuado un Reset de la alarma por el operario.

Para completar la solución de este automatismo se pide:

a) Listado de variables nuevas
b) Diagrama de secuencia
c) Resolución en Ladder usando el método de etapas y transiciones

Resolución

a) Se enumera las entradas y salida de sistema.

Entradas: Alarma (A, EBOOL), pulsador de reseteo de la alarma (RA, EBOOL), activador de la alarma (ActA, EBOOL).

No hay ninguna salida nueva.

b) Diagrama de secuencia

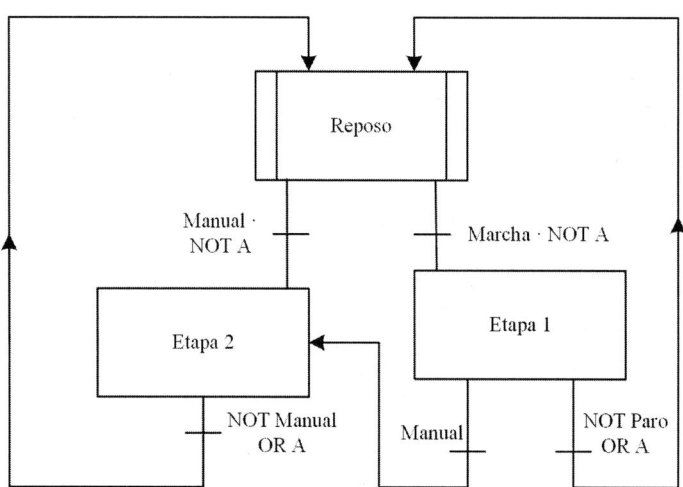

c) Solución programada

La alarma es activa a nivel alto, es decir, cuando toma el valor de 1. Por lo que se debe tener en cuenta al momento de diseñar el paso del reposo a alguna de las etapas. En este caso, se debe usar un contacto NC, ya que, si la alarma es 0, quiere decir que el ciclo se está ejecutando sin problemas.

Ahora bien, la alarma, al pasar de 0 a 1, se debe detener por completo, por lo que en las condiciones de transición debe ser un contacto NA.

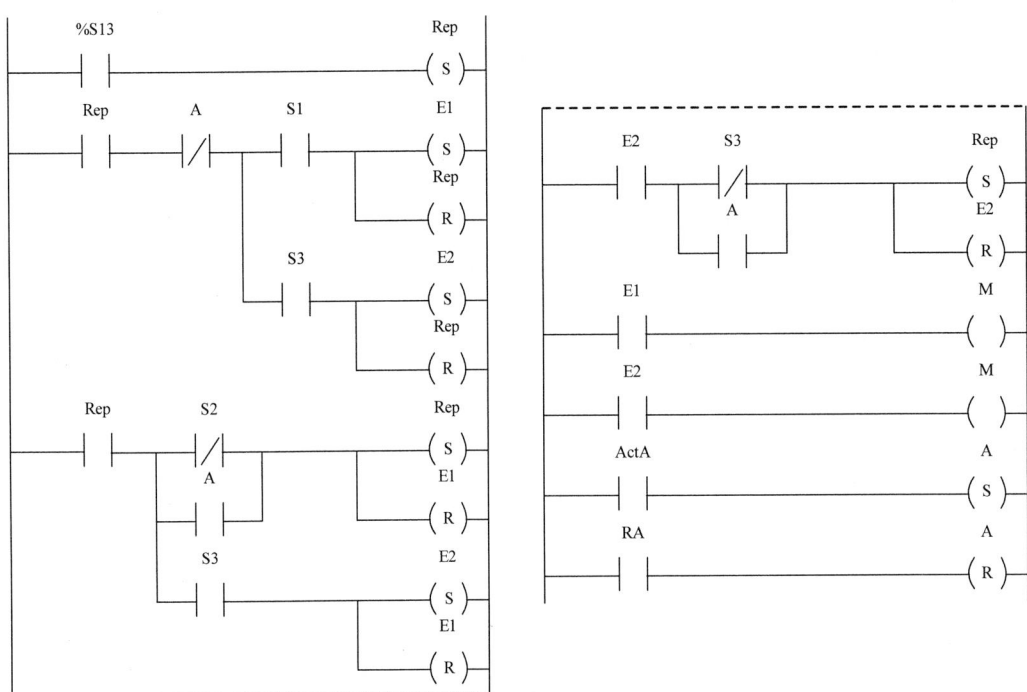

Problema 2.7

Realizar el control del centralizado de una alarma mediante autómata programable con el siguiente ciclo de trabajo:

– Al producirse un flanco ascendente en la alarma, iniciará el parpadeo de un indicador luminoso con una frecuencia de un segundo y sonará una bocina.

– Al accionar el pulsador de enterado E, desaparece la señal de la bocina y la lámpara de la alarma pasa a mantenerse fija sin parpadeo.

– Al pulsar Borrado, si la alarma existe, la lámpara continua encendida hasta que desaparezca la condición de alarma. Si la alarma no existe, se desactiva la lámpara inmediatamente.

Para completar la solución de este automatismo se pide:

a) Listado de variables del sistema
b) Diagrama de secuencia del sistema
c) Programación del ciclo en Ladder mediante etapas y transiciones

Resolución

a) Se enumera las entradas y salida de sistema.

Entradas: alarma (A, EBOOL), pulsador de enterado (E, EBOOL), pulsador de borrado (SB, EBOOL).
Salidas: indicador luminoso (LA, EBOOL), bocina (B, EBOOL).

Se debe tener en cuenta que hay un parpadeo. Para ello, se le añade una variable, llamada Aux (EBOOL), que permite al sistema encender y apagar cada segundo la variable LA.

Como hay diferentes etapas, se deben tener en cuenta. En este caso, hay 4 etapas: Reposo (Rep), Etapa 1 (E1), Etapa 2 (E2), Etapa 3 (E3).

b) Diagrama de secuencia

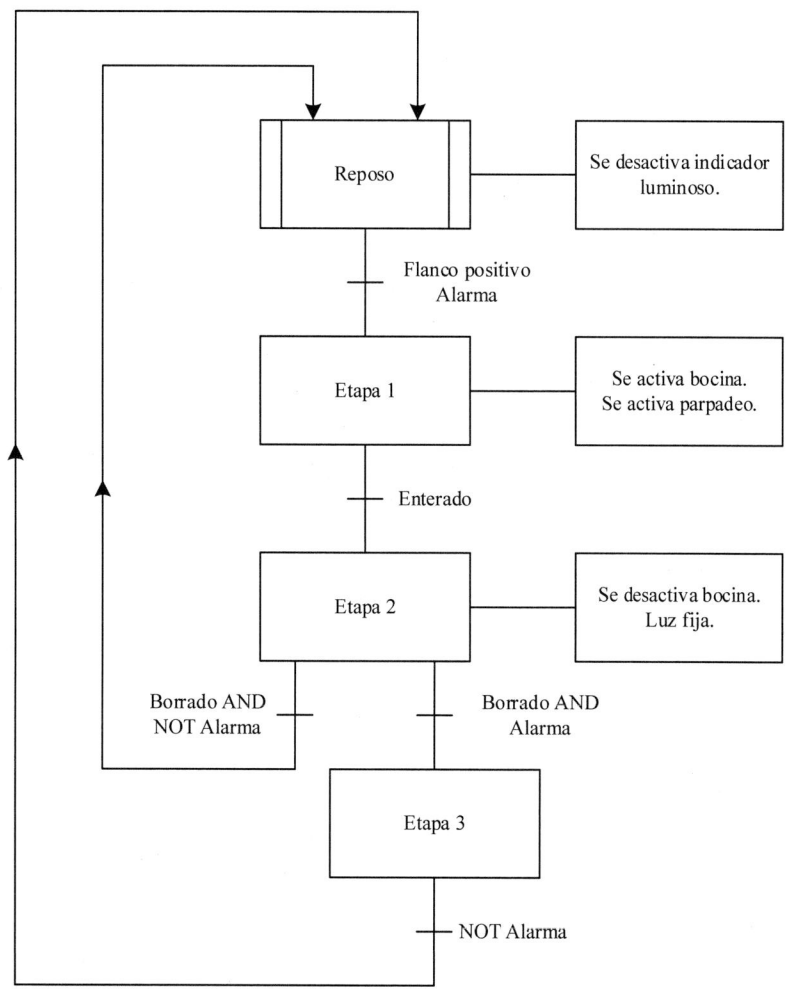

c) Solución programada

Se empieza el programa con el comando %S13, para situar al PLC en el estado de reposo, y esperar a que se cumplan las condiciones de transición para avanzar.

Hay que añadirle una variable al sistema, debido que, al funcionamiento de Ladder, si hay 2 bobinas (1 SET y otra normal) con el mismo nombre, si se aplica potencial a la bobina SET y a la bobina normal no, la variable se encenderá. Pero en el momento que se deje de dar potencial a la bobina SET, esta variable volverá al valor de 0, haciendo que la bobina SET no haga su función. Para eso, se le ha añadido una variable llamada LAa (Luz Alarma aux). De esta manera, se puede resolver este inconveniente.

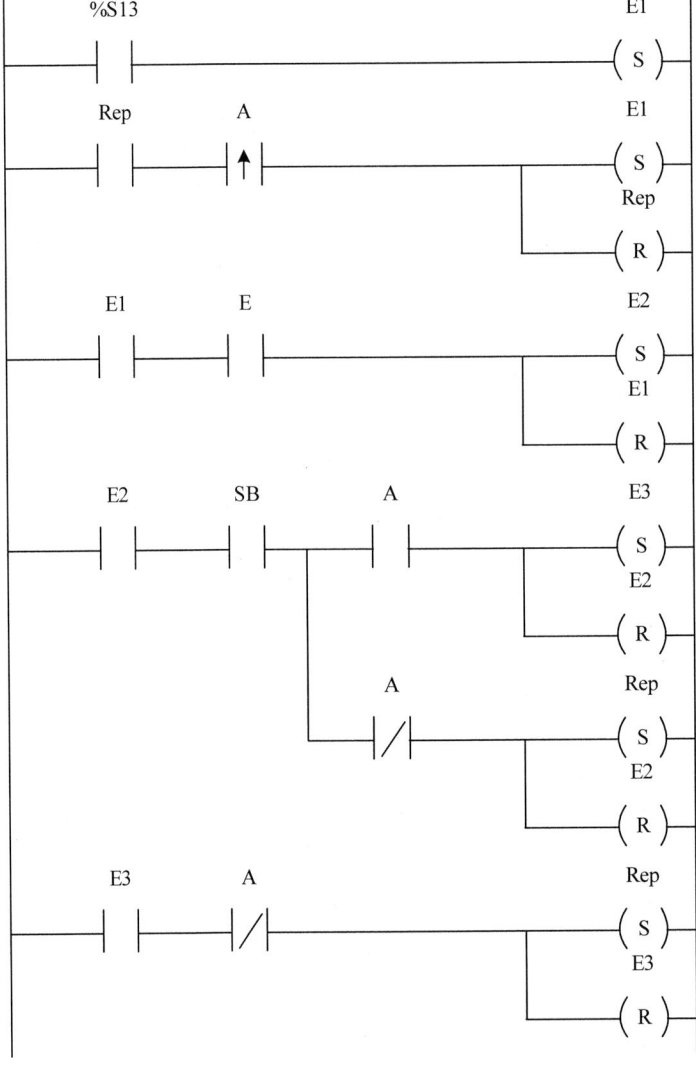

```
        Rep                                              LAa
     ────┤ ├──────────────────────────────────────────( R )──

         E1                                               B
     ────┤ ├──────────────────────────────────────────( S )──

         E1       Aux              TON                   LA
     ────┤ ├──────┤/├──────┌──────────────┐───────────( )──
                          │  IN        Q  │
                          │              │
              T#1s ───────│  PT       ET  │───
                          └──────────────┘

         LA                        TON                  Aux
     ────┤ ├──────────────┌──────────────┐───────────( )──
                          │  IN        Q  │
                          │              │
              T#1s ───────│  PT       ET  │───
                          └──────────────┘

         E2                                              LA
     ────┤ ├──────────────────────────────────┬──────( S )──
                                               │         B
                                               └──────( R )──

         LA                                             LA
     ────┤ ├──────┬──────────────────────────────────( )──
         LAa      │
     ────┤ ├──────┘
```

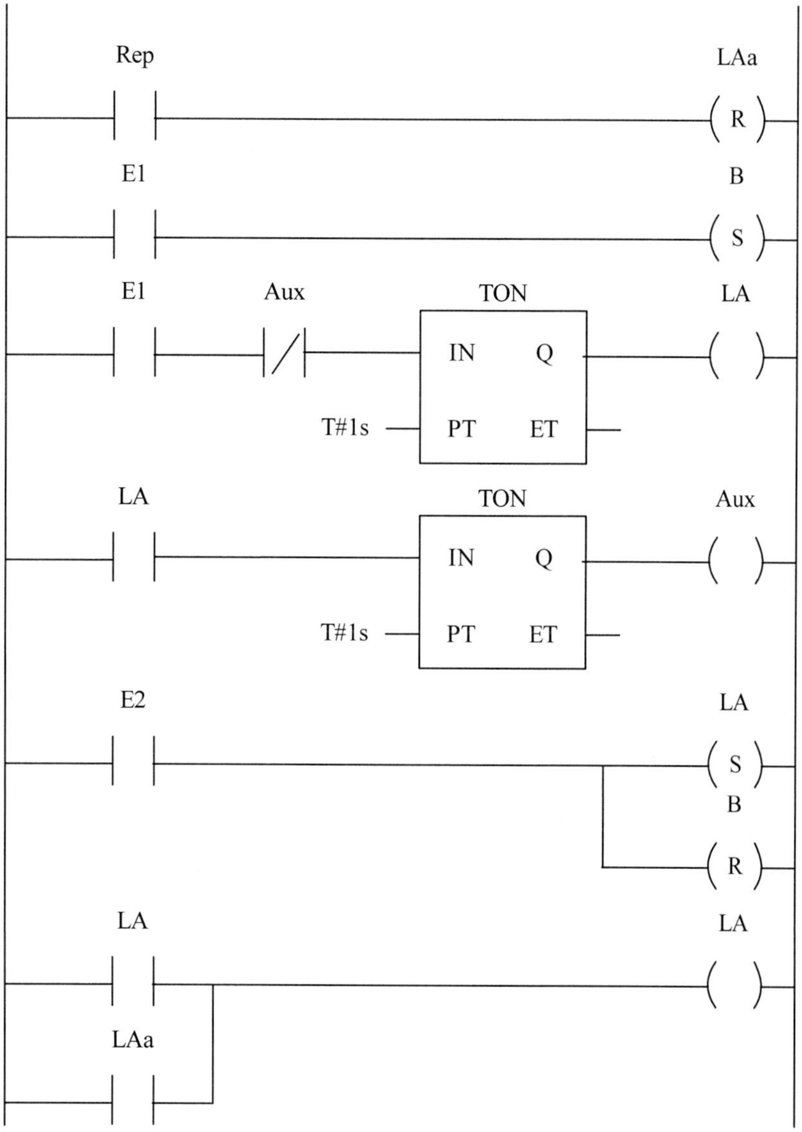

Diseño de automatismos programados sobre procesos discretos mediante diagrama de contactos y texto estructurado

Problema 3.1

Diseñar el automatismo programado correspondiente al control de llenado de un envase, sabiendo que se dispone de los siguientes elementos:

– Detector 1 N.A., D1, que detecta la presencia del envase.

– Un selector de número de elementos que han de ir en el interior del envase. Este selector indica una cantidad variable de 0 a 15 en binario, a través de tres salidas digitales, N0, N1, N2 y N3.

– Un mecanismo de llenado, LLE, que cuando se activa va introduciendo elementos, de uno en uno, dentro del envase.

– Detector 2 N.A., D2, que detecta la introducción de un nuevo elemento dentro del envase.

– Un visualizador digital que indica el número de elementos actual introducidos en el envase. Este visualizador funciona conectándolo a cuatro variables digitales codificadas en binario natural, V0, V1, V2 y V3.

– Un mecanismo de expulsión de envase, EE, que cuando se activa desplaza el envase de la estación de trabajo que nos ocupa llevándolo a la siguiente estación para que continúe su proceso.

El ciclo de trabajo del proceso consiste en:

1) El operario ha de establecer el número de elementos que deben introducirse en el envase y que se codificará en las variables N0 a N3.

2) Cada vez que se detecta envase en D1 se inicia el llenado del envase (activar KLE), con el número de elementos que indiquen las entradas N0-N3. Los elementos que se introducen en el envase son detectados por D2, que incrementa un contador y lleva a las salidas (V0-V3) el número de elementos que se llevan introducidos en el envase.

3) Cuando el contenido del envase coincide con el seleccionado, se desactiva el llenado y se activa la expulsión del envase (KE) durante tres segundos, reseteando el contador y esperando el inicio de un nuevo ciclo al ser detectado D1.

Para completar la solución de este automatismo se pide:

a) Listado de variables de entradas y salidas, así como variables internas utilizadas, incluyendo tipo y descripción.

b) Diagrama de secuencia del automatismo identificando principales etapas y transiciones.

c) Resolución programada en lenguaje Ladder mediante el método etapas-transiciones

Resolución

a) Se enumera las entradas y salida de sistema

Entradas: detector 1 de envase, D1, tipo EBOOL; detector 2 de entrada, D2, tipo EBOOL; codificación del número seleccionado, N0, N1, N2 y N3, todas tipo EBOOL.

Salidas: llenado del envase, KLL, tipo EBOOL; expulsión del envase, KE, tipo EBOOL; codificación para el visualizador binario, V0, V1 V2 y V3, todas tipo EBOOL.

Antes de pasar a la resolución del problema, se debe observar la necesidad de diferentes etapas para la resolución. De esta manera, si se quiere resolver este automatismo mediante el método de etapas-transiciones, se deben considerar tantas variables binarias de memoria como etapas de definan en el sistema. En este caso se identifican 3 etapas: Reposo (Rep), Etapa 1 (E1) y Etapa 2 (E2).

También es necesario considerar, durante la resolución, otros tipos de variables, ya que es necesario llevar a cabo un contaje. De esta manera, se necesitarán algunas variables tipo INT para poder contar. En este caso se proponen: Contador (CNT) y Cantidad (CND). Estas variables se usarán para contar el número de objetos que entran en el envase, y para decidir el número de elementos que se añaden, respectivamente.

b) Diagrama de secuencia

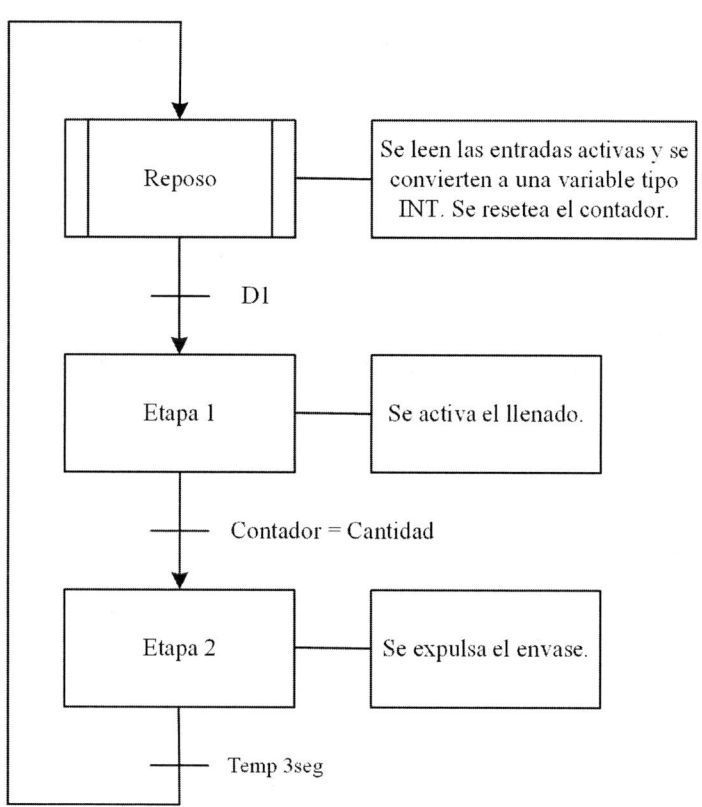

c) Solución programada

Para empezar el programa se usa la variable de sistema %S13, que permite situar al PLC en un estado de reposo, esperando a que se cumplan las transiciones oportunas.

La contabilización de piezas se realiza mediante un contacto de flanco ascendente, que activa el bloque de comando correspondiente.

Con otro bloque de comando, se obtiene el valor actual del contador para poder mostrarlo en el visualizador.

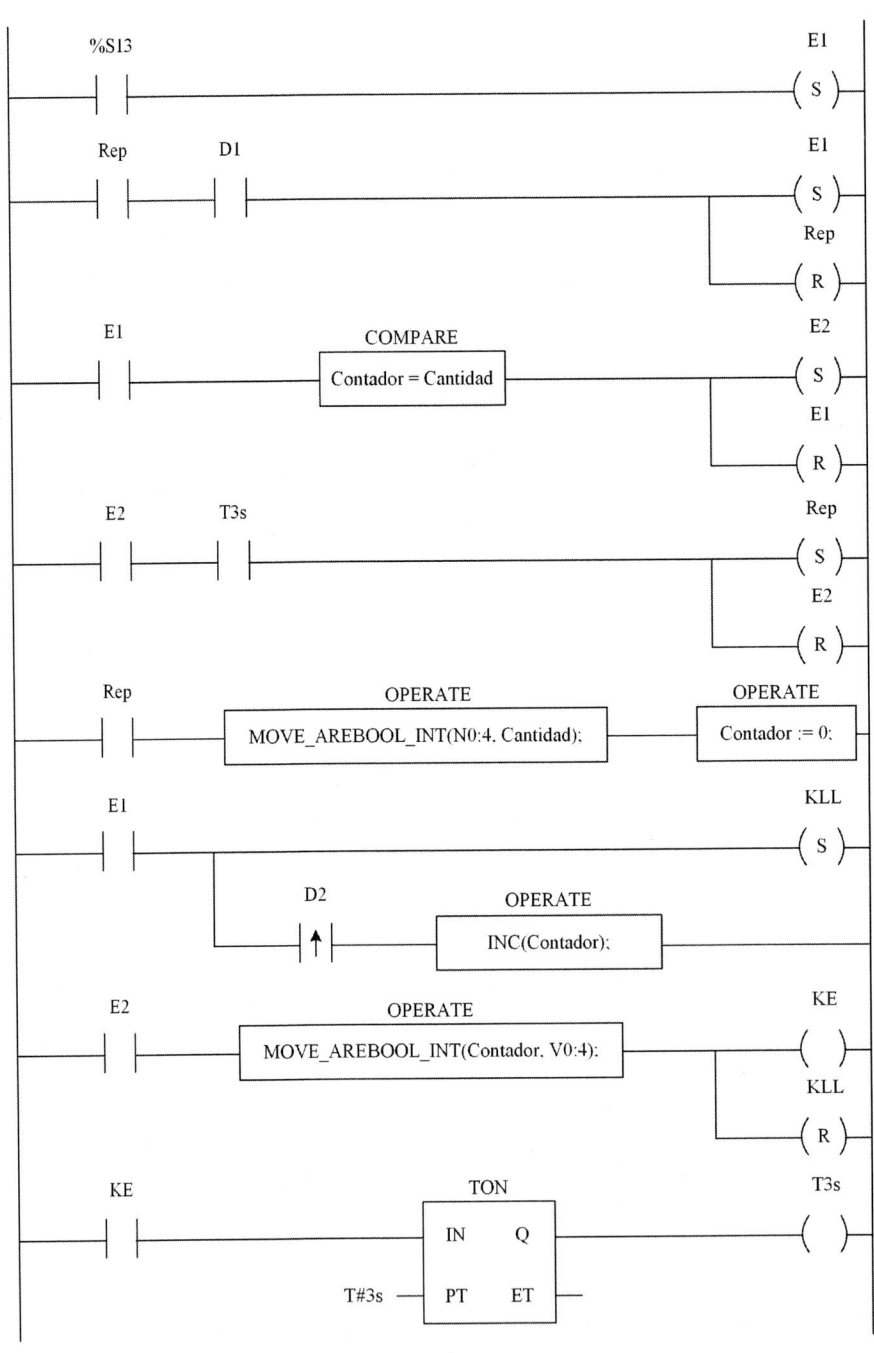

Problema 3.2

Diseñar el proceso consistente en el control de un ciclo continuo de una cinta transportadora y el llenado de un envase controlado por un pulsador de marcha (NA), que inicia el ciclo continuo y un pulsador de Paro (NC) que detiene el sistema al acabar un ciclo. Este ciclo consiste en:

– Al iniciar el ciclo, se pondrá en marcha la cinta transportadora.

– Al activarse el detector de presencia de envase D1 se detendrá la cinta y abrirá el acceso de piezas al envase.

– Las piezas serán detectadas por el detector D2.

– Cuando el número de piezas sea igual al seleccionado por el usuario a través de las entradas N0-N7 en BCD, se desactiva el llenado y se vuelve a iniciar un ciclo activando la cinta nuevamente.

– Visualizar el contenido del envase en BCD a través de las salidas V7-V0.

Referencias:

– S1: pulsador de marcha
– S2: pulsador de paro
– DP1: detector de presencia de envase
– DP2: detector de piezas que se introducen en el envase
– D3-D0, U3-U0: selección de elementos a introducir en el envase
– C: cinta
– KLL: activación del llenado del envase
– V7-V0: visualización de piezas en el envase

Para completar la solución de este automatismo se pide:

a) Listado de variables del sistema
b) Diagrama de secuencia
c) Resolución mediante etapas y transiciones usando Ladder

Resolución

a) Se enumera las entradas y salida de sistema

Entradas: pulsador de Marcha (S1, EBOOL), pulsador de Paro (S2, EBOOL), detector de presencia de envase (DP1, EBOOL), detector de piezas introducidas en el envase (DP2, EBOOL), selector de cantidad (N0-N7, EBOOL).

Salidas: activación de la cinta (C, EBOOL), activación del llenado del envase (KLL, EBOOL), visualización de piezas en el envase (V7-V0, EBOOL).

Al tener ciclo continuo, y tal como se pide en el enunciado, si no se ha pulsado Paro, se debe seguir ejecutando ciclos. Por lo que se debe crear una variable que permita al sistema saber si se ha pulsado Paro o no. Esta variable se le llamará KCiclo (KC, EBOOL).

También se debe tener en cuenta que se contará, por lo que se deberán crear unas variables para poder comparar si el número de objetos introducidos en el envase es el número deseado de estos. Para ello, se creará una variable llamada Contador y será de tipo INT. Esta variable será definida por el operario a través de las entradas. Para el número de objetos en el envase, se creará la variable Cantidadl, de tipo INT. Como esta variable se debe mostrar en BCD por el visualizador, se creará otra variable para poder almacenar su variante en BCD. En este caso, CantidadBCD.

b) Diagrama de secuencia

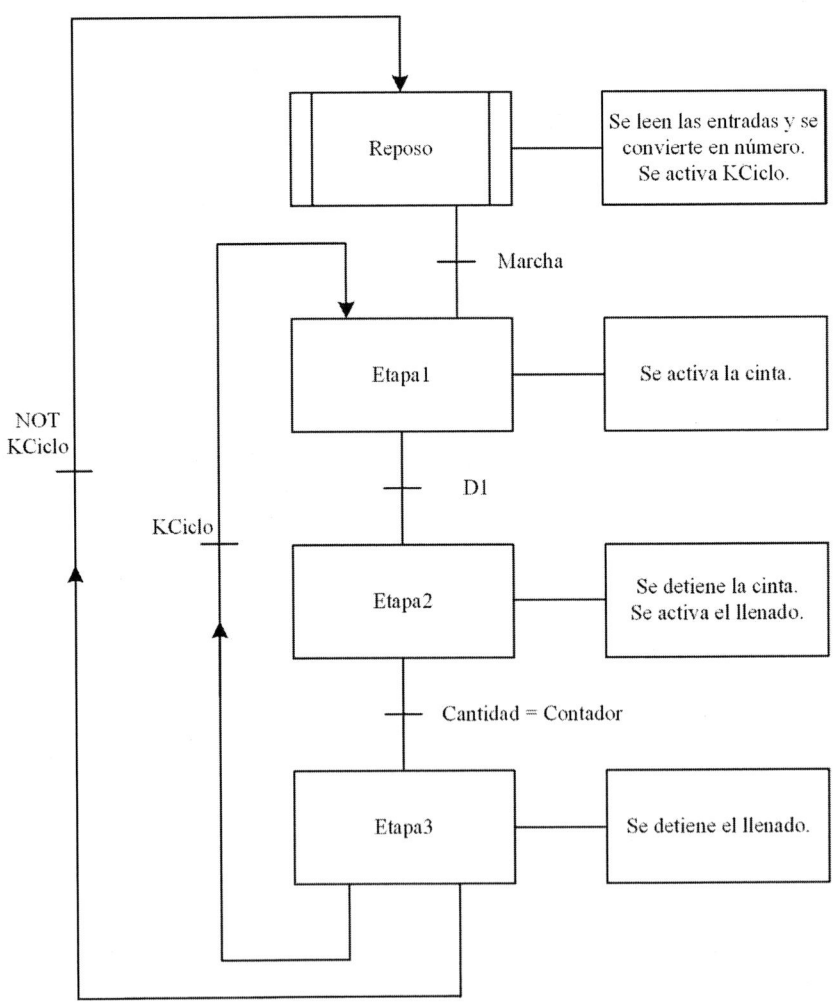

c) Solución programada

El programa se inicia con la señal %S13, para poder situar al PLC en el estado de reposo del diagrama. A partir de aquí, a medida que se van cumpliendo las diferentes condiciones de transición, el PLC cambia la etapa en la que se encuentra y va ejecutando las acciones necesarias.

Se debe tener en cuenta que, en el momento de detección de objetos, se pueden cumplir diferentes ciclos de SCAN, por lo que en las operaciones que se incremente en 1 el valor de la variable Cantidad, se debe colocar un contacto activo por flanco positivo.

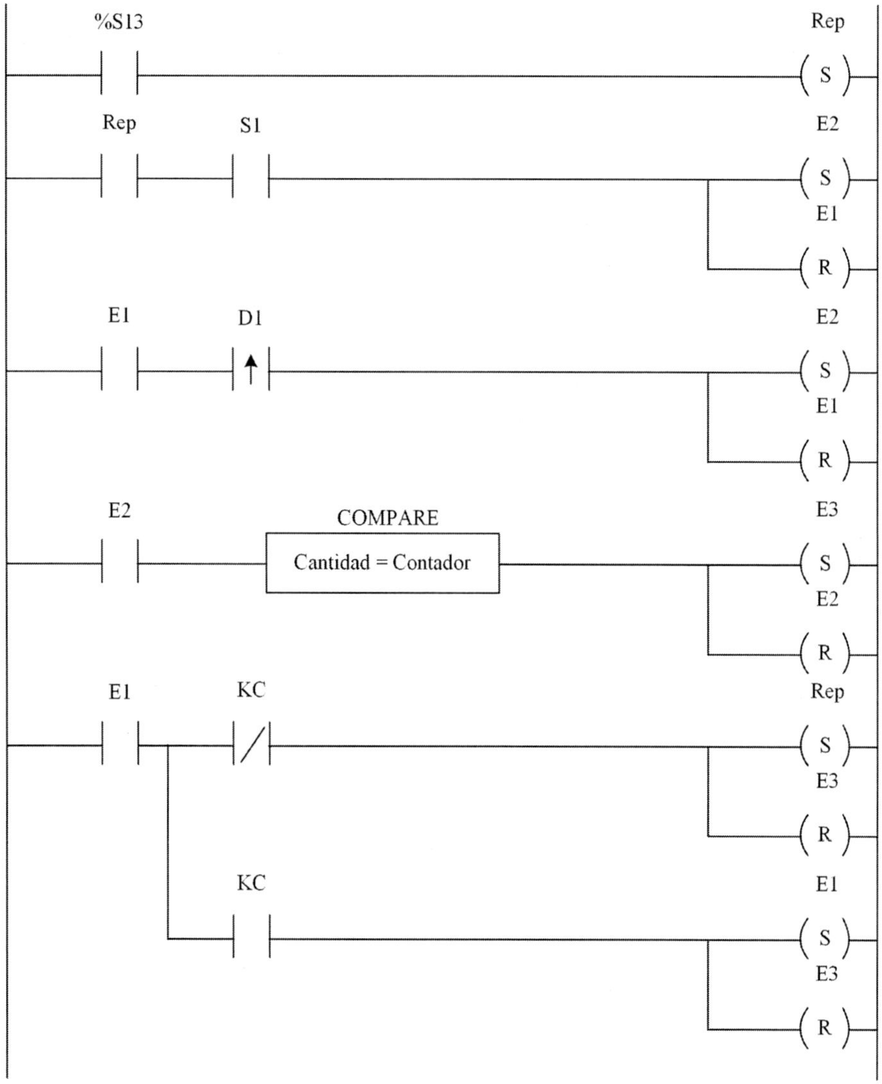

```
    %S13                                                    Rep
  ──┤ ├──────────────────────────────────────────────────( S )──

    Rep      S1                                             E2
  ──┤ ├─────┤ ├───────────────────────────────────────────( S )──
                                                            E1
                                                          ( R )──

    E1       D1                                             E2
  ──┤ ├─────┤↑├───────────────────────────────────────────( S )──
                                                            E1
                                                          ( R )──

    E2            ┌─── COMPARE ───┐                         E3
  ──┤ ├───────────│ Cantidad = Contador │──────────────────( S )──
                  └───────────────┘                         E2
                                                          ( R )──

    E1       KC                                             Rep
  ──┤ ├──┬──┤/├───────────────────────────────────────────( S )──
         │                                                  E3
         │                                                ( R )──
         │                                                  E1
         │   KC                                           ( S )──
         └──┤ ├───────────────────────────────────────────     
                                                            E3
                                                          ( R )──
```

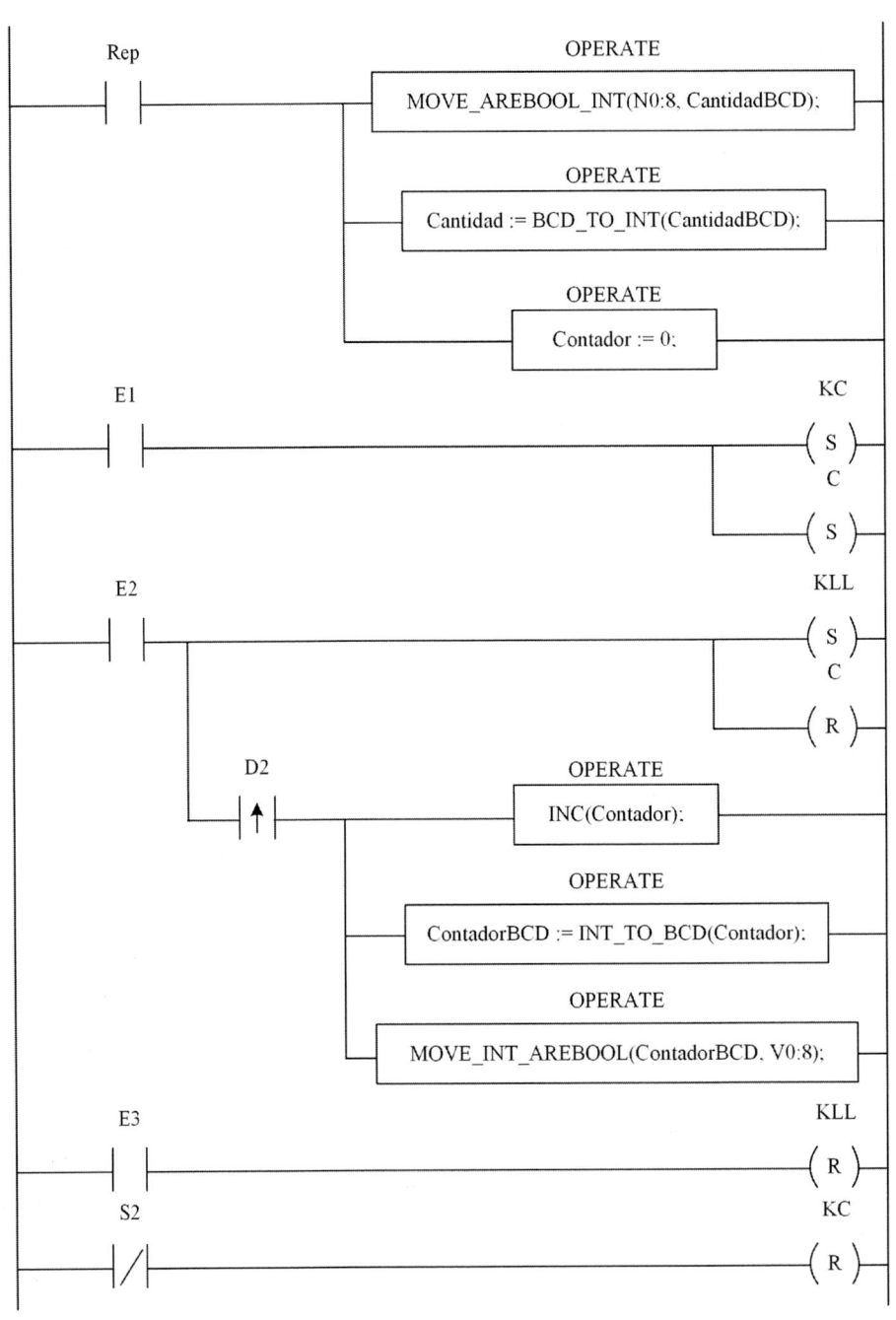

Problema 3.3

El estado de un proceso depende del valor que se almacena en un registro, de tal manera que dicho registro sigue el comportamiento representado en la gráfica:

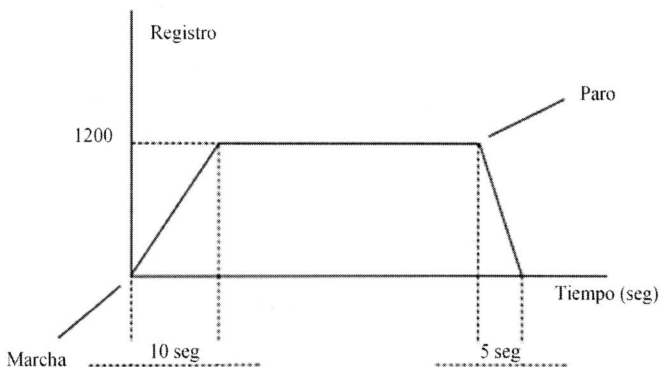

Al pulsar Marcha, se genera la recta Y1, donde el valor del registro va desde 0 a 1200 en 10 segundos. Transcurrido este tiempo, el contenido del registro se estabiliza en 1200 hasta que se pulsa Paro, donde el registro pasa a 0 siguiendo la recta Y2 en 5 segundos, pasando el sistema a reposo.

Para completar la solución de este automatismo se pide:

- *a)* Listado de variables del sistema
- *b)* Diagrama de secuencia
- *c)* Programación en Ladder usando el método de E-T

Resolución

a) Se enumera las entradas y salida de sistema.

Entradas: pulsador de Marcha (S1, EBOOL), pulsador de Paro (S2, EBOOL).
Salidas: registro (Reg, INT).

A pesar de considerar el registro como una salida, realmente no es así, ya que solo modifica un número en memoria.

Se puede observar que el ciclo contiene 4 etapas: Reposo (Rep), Etapa 1 (E1), Etapa 2 (E2) y Etapa 3 (E3).

b) Diagrama de secuencia

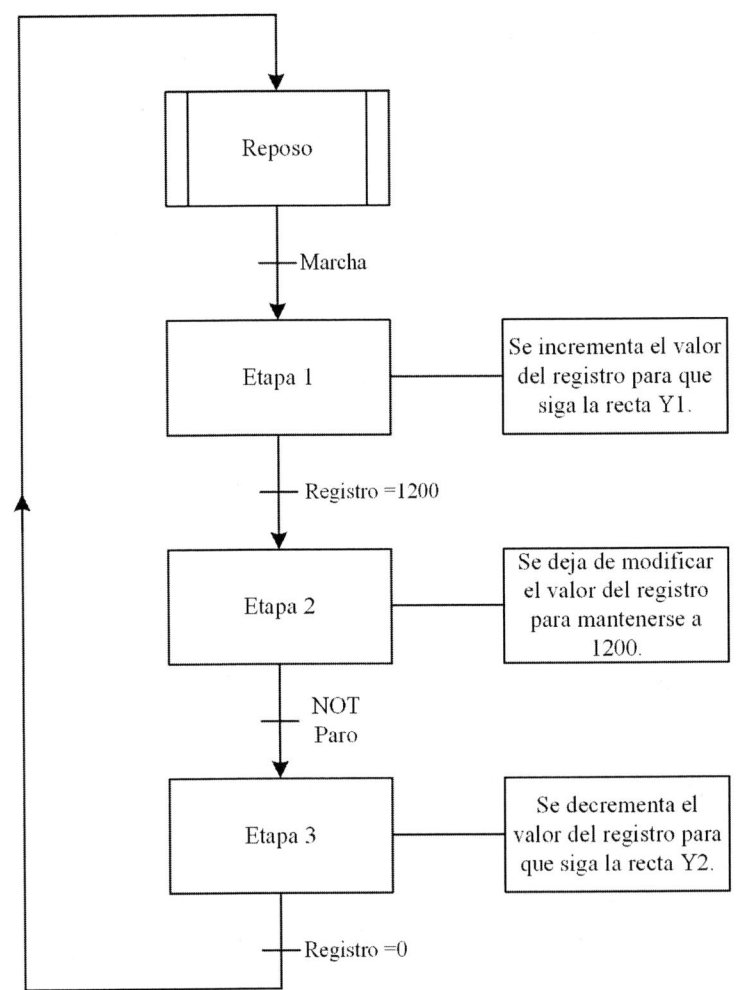

c) Solución programada

Para situar al PLC en un estado de espera, se une el comando %S13 para colocar al PLC en la etapa de reposo, esperando a que se cumpla la primera transición.

Una recta como la de la figura no es más que un pequeño incremento en Y por cada pequeño incremento en X, por lo que en función de lo bien definida que se quiera la recta, estos incrementos deberán ser más o menos pequeños.

Para la resolución de estas rectas, se usarán incrementos de 12 para Y1, y decrementos de 24 para Y2. Así, se actualizará el valor cada 100 ms para lograr el valor de registro deseado.

Estos 100 ms se consiguen gracias a 2 relojes. Cada uno de ellos se basa en un bloque TON, donde la señal de entrada está conectada a un contacto CLK normalmente cerrado. A la salida de este temporizador, hay una bobina llamada CLK. De esta manera, se consiguen enviar los pulsos necesarios para que en el tiempo requerido se consigan los registros.

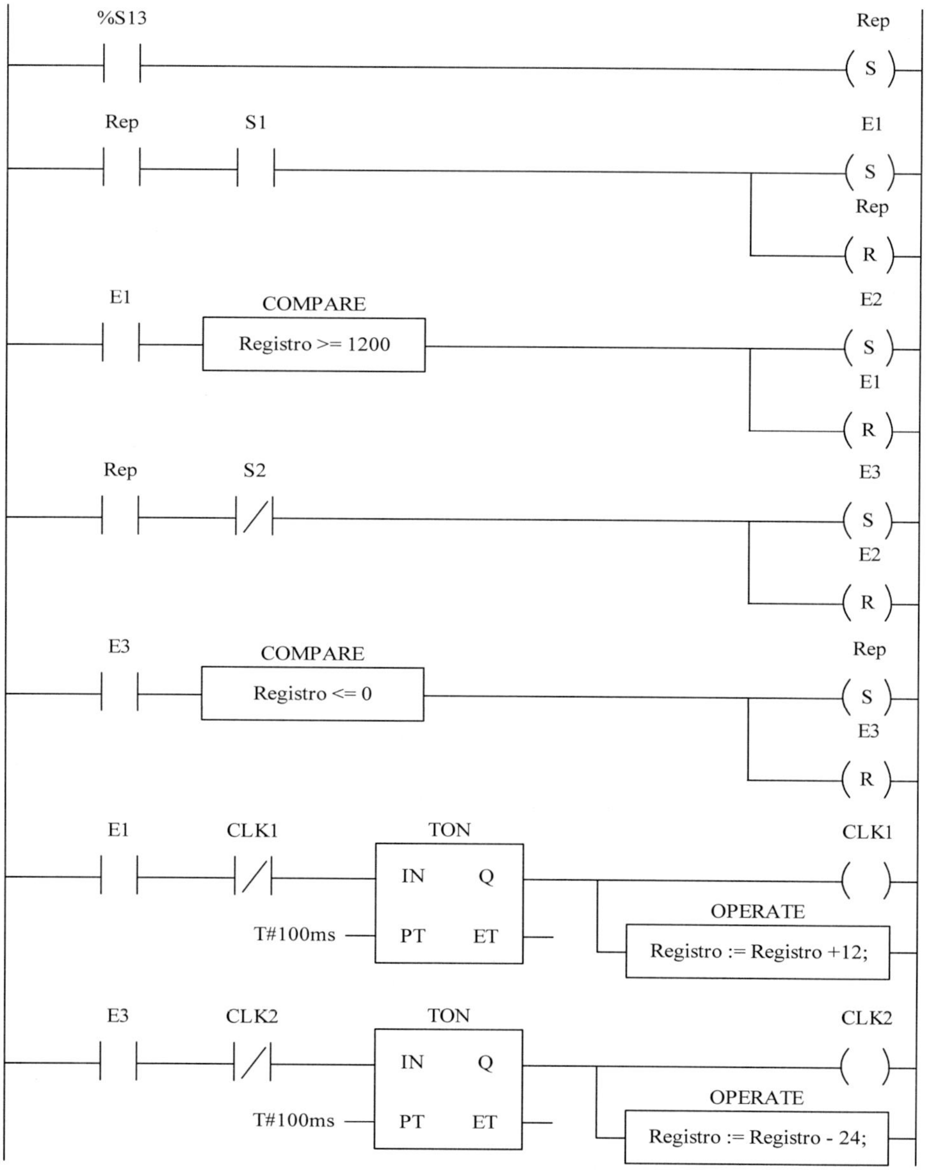

Problema 3.4

Diseñar un programa para introducir o extraer un número determinado de elementos de una caja de almacenaje:

− Para añadir los elementos a la caja, se activará la entrada S1 y el operario deberá seleccionar mediante un selector el número de elementos a introducir en código BCD conectado a las entradas N0-N15, comprendido entre 0000 y 9999. Seguidamente, se abrirá el acceso de piezas, que son contabilizadas por un detector inductivo DE.

− Visualizar el número de elementos introducidos en la caja en BCD a las salidas V15-V0.

− Para extraerlos, se ha de seleccionar el número de elementos a extraer (a través de la misma entrada de selección anterior) y activar la entrada S2, abriendo seguidamente la válvula de salida de piezas, que son contabilizadas por un detector inductivo DS.

Debemos dar por supuesto que en el interior existen el número de piezas que se desea extraer.

Para completar la solución de este automatismo se pide:

    a) Listado de variables del proceso
    b) Diagrama de secuencia
    c) Resolución programada mediante Ladder

Resolución

a) Se enumera las entradas y salida de sistema

Entradas: pulsador para añadir (S1, EBOOL), pulsador para extraer (S2, EBOOL), detector inductivo de entrada (DE, EBOOL), detector inductivo de salida (DS, EBOOL), entradas para seleccionar el número (N0-N15, EBOOL).

Salidas: válvula para añadir (VA, EBOOL), válvula para quitar (VS, EBOOL), visualizador (V15-V0, EBOOL).

El proceso de este sistema pasa por distintas etapas, por lo que hay que guardar espacio en memoria para poder saber en qué etapa se encuentra el PLC. Como hay 3 etapas, se crean las siguientes variables booleanas: Reposo (Rep), Etapa 1 (E1), Etapa 2 (E2).

Se debe tener en cuenta que en este programa se contará, por lo que lo más lógico es pensar que se necesitarán variables tipo INT. Para ello, se crean las siguientes variables: Contador, tipo INT, y será la que cuente cuántos objetos se han añadido o quitado del proceso; ContadorBCD, tipo INT, su función es poder mostrar su valor en BCD.

b) Diagrama de secuencia

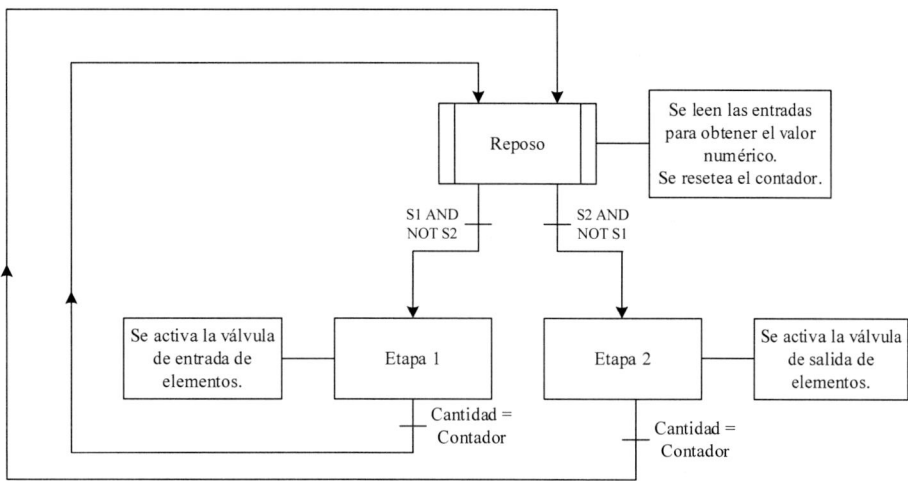

c) Solución programada

El programa se inicia con la instrucción %S13 para activar una marca, de manera que el PLC se encuentre en un estado de reposo, esperando que se completen sus transiciones para iniciar el programa.

La programación en este caso es una adaptación del diagrama de secuencia, ya que no se deben realizar grandes modificaciones respecto a este.

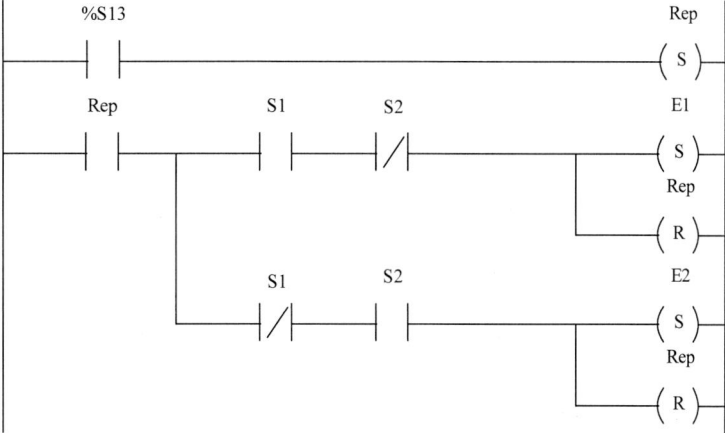

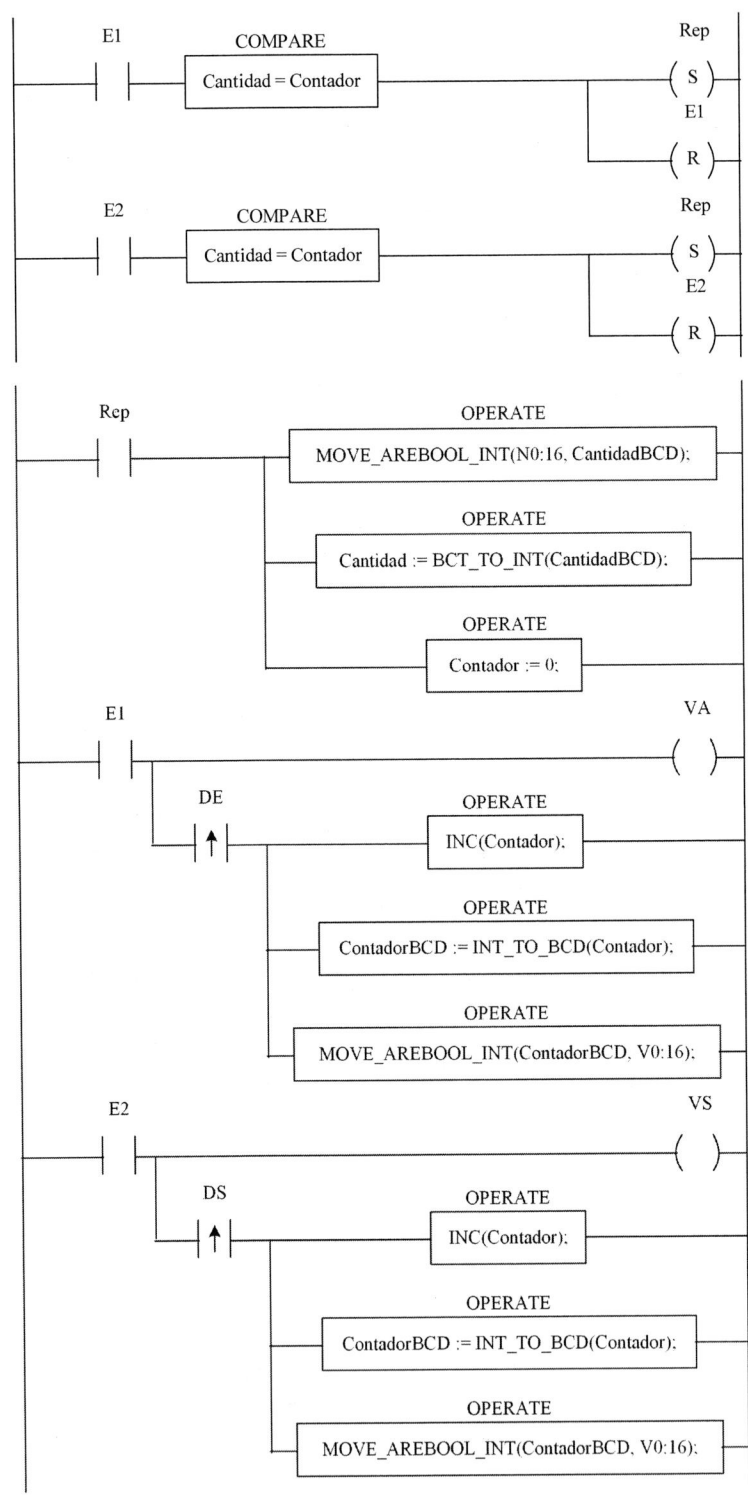

Problema 3.5

Diseñar el proceso consistente en el control de una cinta transportadora con el siguiente ciclo de trabajo:

– Al pulsar Marcha (S1, NA) se inicia el ciclo continuo.

– Al pulsar Paro (S2, NC) se detiene el ciclo continuo al finalizar el que está en curso.

– Al iniciarse el ciclo se pone en marcha la cinta transportadora C.

– Al activar D1 (presencia de envase), detiene la cinta y activa el inicio de llenado (K1).

– El detector D2 cuenta el número de piezas que se van introduciendo al contenedor.

– Cuando el número de piezas en el contenedor sea igual a 10, se desactiva K1 y activa nuevamente la cinta en espera de otro contenedor en D1.

Para completar la solución de este automatismo se pide:

a) Listado de variables en el proceso
b) Diagrama de secuencia
c) Programación en Ladder del sistema, usando el método de etapas-transiciones.

Resolución

a) Se enumera las entradas y salida de sistema

Entradas: pulsador de Marcha (S1, EBOOL), pulsador de Paro (S2, EBOOL), detector de presencia (D1, EBOOL), detector de introducción de piezas (D2, EBOOL).

Salidas: cinta transportadora (C, EBOOL), activación del llenado (K1, EBOOL).

Al tratarse de un ciclo continuo, es necesario tener una variable que almacene si el proceso debe seguir realizando ciclos o detenerse al acabar la finalización de este. Por ello, se añade una variable booleana, llamada KC, que se activará cuando se pulse S1, y no se desactivará hasta que se pulse S2.

El ciclo también tiene la necesidad de contar, por lo que se debe añadir otra variable, en este caso INT, que permitirá llevar la cuenta de elementos introducidos al contenedor.

b) Diagrama de secuencia

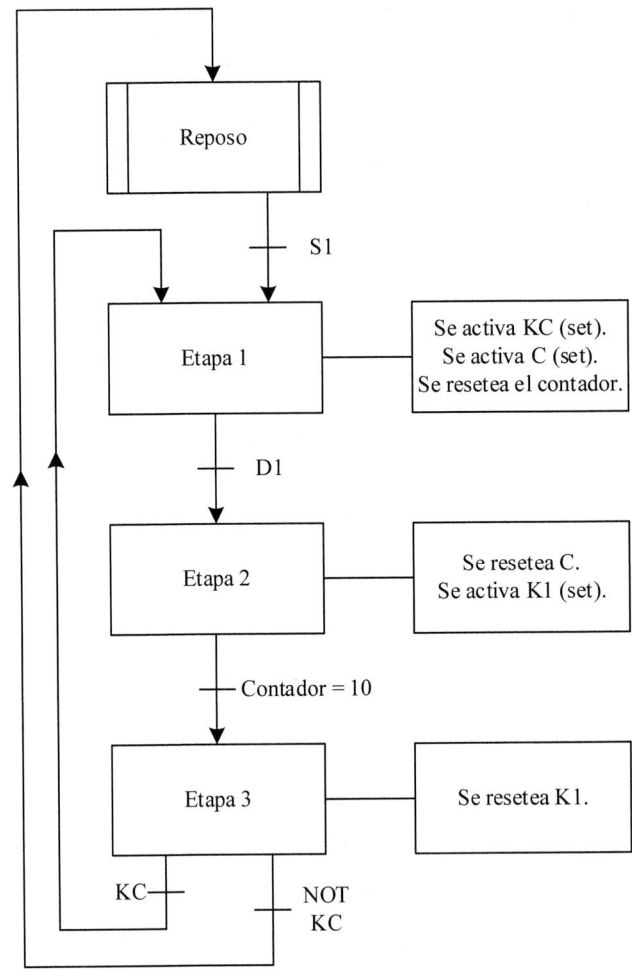

c) Solución programada

Para empezar el programa se usa la instrucción S13 para situar el PLC en la etapa de reposo. En este programa, se ha cambiado la disposición habitual de las resoluciones, debido a cómo ejecuta los programas el PLC. El PLC ejecuta el programa de manera secuencial, línea tras línea. En este problema, puede traer algún conflicto, haciendo así que el programa no se comporte como ha sido diseñado. Para ello, simplemente es necesario cambiar de posición las transiciones de la Etapa 3, situándolas después de las acciones que se realizan en esta misma etapa.

```
        %S13                                           Rep
      ──┤ ├──────────────────────────────────────────( S )──

        Rep        S1                                  E1
      ──┤ ├────────┤ ├─────────────────────────────┐ ( S )──
                                                    │  Rep
                                                    └─( R )──

        E1         D1                                  E2
      ──┤ ├────────┤ ├─────────────────────────────┐ ( S )──
                                                    │  E1
                                                    └─( R )──

        E2              ┌─────COMPARE─────┐           E3
      ──┤ ├─────────────┤  Contador = 10  ├────────┐ ( S )──
                        └─────────────────┘        │  E2
                                                    └─( R )──

        E3         KC                                 Rep
      ──┤ ├────┬───┤/├──────────────────────────────( S )──
               │                                       E3
               │                                     ( R )──
               │
               │    KC                                E1
               └───┤ ├───────────────────────────── ( S )──
                                                       E3
                                                     ( R )──

        E1              ┌─────OPERATE─────┐           C
      ──┤ ├─────────────┤  Contador := 0; ├────────┐ ( S )──
                        └─────────────────┘        │  KC
                                                   ( S )──
                                                      K1
        E2                                          ( S )──
      ──┤ ├──────────────────────────────────────┐   C
                                                  └─( R )──
        E3                                            K1
      ──┤ ├────────────────────────────────────────( R )──

        E2     D2       ┌─────OPERATE─────┐
      ──┤ ├───┤↑├───────┤  INC(Contador);  ├──────────────
       ┌S2
      ─┤/├──────────────────────────────────────────( )──
```

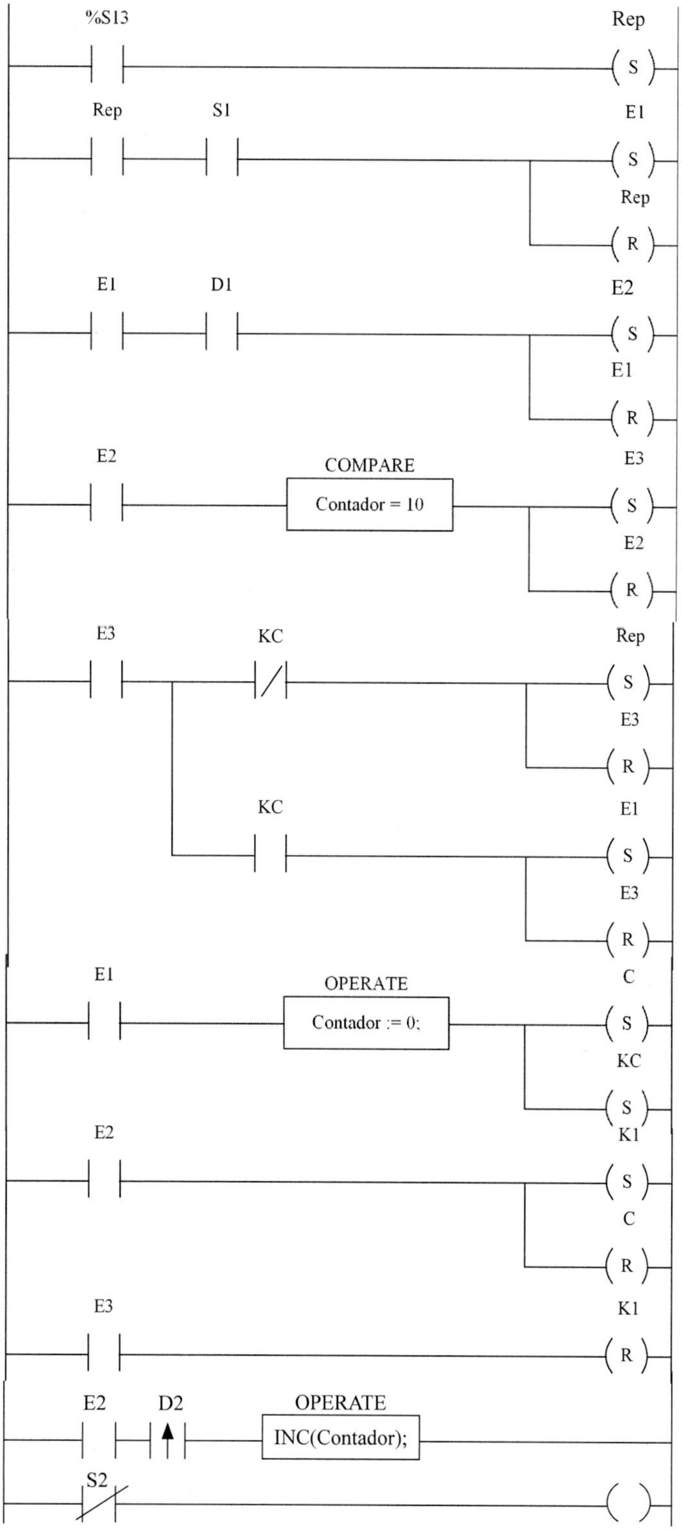

Problema 3.6

Modificar el programa anterior para que el número de piezas introducidas en el contender las pueda fijar el operario a través de las entradas N0-N7 en BCD (de 0 a 99 piezas) y visualizar el número de contenedores que se llevan realizados en las salidas V15-V0, también en BCD.

Para completar la solución de este automatismo se pide:

a) Variables del sistema

b) Diagrama de secuencia

c) Resolución programada usando el método de las etapas-transiciones

Resolución

a) Se enumera las entradas y salida de sistema

Entradas: pulsador de Marcha (S1, EBOOL), pulsador de Paro (S2, EBOOL), detector de presencia (D1, EBOOL), detector de introducción de piezas (D2, EBOOL), entradas para la introducción numérica (N0-N8, EBOOL).

Salidas: cinta transportadora (C, EBOOL), activación del llenado (K1, EBOOL), visualizador de contenedores completado (V15-V0, EBOOL).

Será necesario añadir una variable que permita saber si se ha pulsado S2 desde que se hizo S1. De esta manera, el proceso puede seguir realizando ciclos hasta que el operario lo requiera. Esta variable será llamada KC (EBOOL).

También se necesitarán 2 variables que sirvan para contar, ya que se debe contar tanto el número de contenedores llenados, como los elementos que entran a los contenedores. Para el contaje de los elementos que entran al recipiente, se le llamará Contador, y será tipo INT, mientras que la variable contadora para los contenedores, será llamada V. Esta variable será mostrada por los visualizadores V0-V15, de ahí su nombre. Pero no se puede representar tal y como está, ya que la mostraría en formato binario. Para ello, se crea la variable VBCD, en la cual estará el valor de V, pero este caso en BCD.

b) Diagrama de secuencia

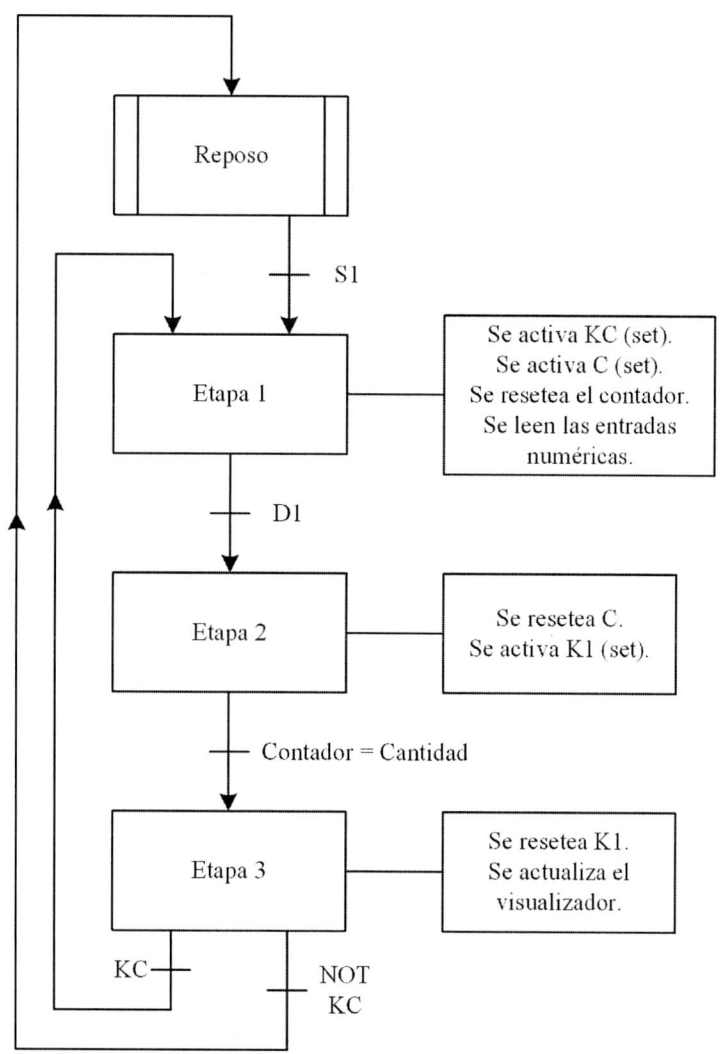

c) Solución programada

El programa se empieza usando el comando %S13, para situar al PLC en una etapa de reposo y que permita empezar el ciclo cuando se cumpla la primera transición.

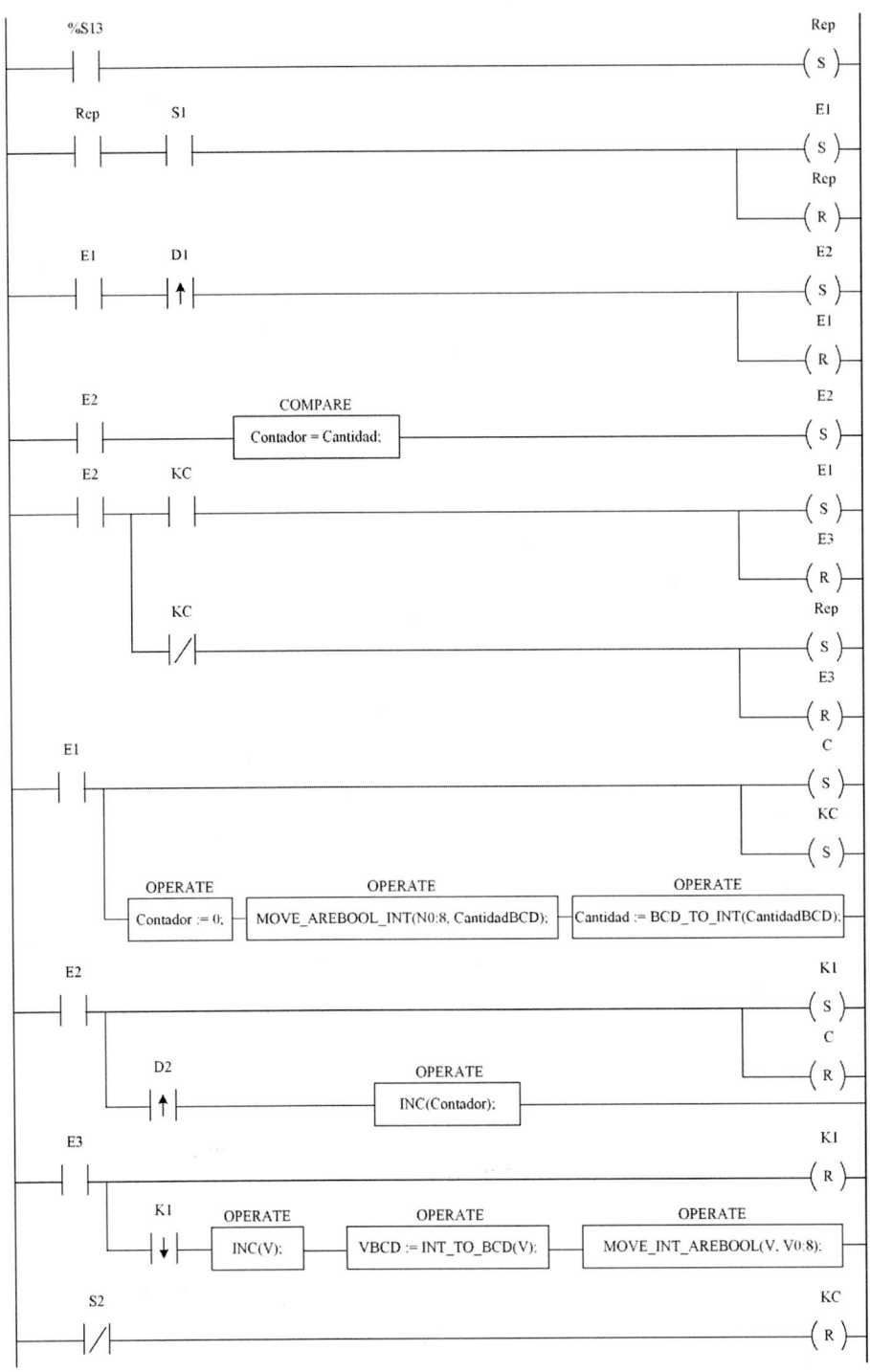

Problema 3.7

Al pulsar Marcha, el sistema queda a la espera para que se vayan introduciendo valores numéricos, hasta pulsar una operación. Diseñar un programa que calcule la operación de dos números de 4 bits (0 a 15) introducidos por teclado. El primer número se almacenará desde B0N1 hasta B3N1 y el segundo número se almacenará desde B0N2 hasta B3N2. La operación dependerá de la entrada activa:

- Botón suma: los valores se sumarán.
- Botón resta: los valores se restarán.
- Botón multiplicación: los valores se multiplicarán.
- Botón división: los valores se dividirán.
- Botón resto: se devolverá el resto de la división entre estos.

El resultado se verá desde la salida B0NR hasta la salida B7NR.

Además, por las siguientes salidas se debe mostrar:

- RMP10 si el resultado es menor a 10.
- RI10 si el resultado es igual a 10.
- RMG10 si el resultado es mayor a 10.

Para completar la solución de este automatismo se pide:

    a) Listado de variables del sistema
    b) Diagrama de secuencia del proceso
    c) Solución programada mediante Ladder

Resolución

a) Se enumera las entradas y salida de sistema

Entradas: pulsador de Marcha (S1, EBOOL), entrada del Número 1 (B3N1-B0N1, EBOOL), entrada del Número 2 (B3N2- B0N2, EBOOL). Entradas de las diferentes operaciones: suma (Sum, EBOOL), resta (Res, EBOOL), multiplicación (Mult, EBOOL), división (DivE, EBOOL), resto (DivR, EBOOL).

Salidas: el resultado (B7NR-B0NR, EBOOL), indicador para saber si el resultado es menor a 10 (RP, EBOOL), indicador para saber si el resultado es igual a 10 (RI, EBOOL), indicador para saber si el resultado es mayor a 10 (RG, EBOOL).

Las variables numéricas se deberán almacenar de alguna manera. Así, se crean 4 variables tipo INT (Número1, para guardar el primer número introducido; Número2, para guardar el segundo número introducido; Cociente, ya que para la operación de Resto se necesitará almacenar esta variable en algún sitio; Resultado, donde se guardará el resultado de ir realizando las diferentes operaciones).

Hay dos posibles estados, por lo que se tendrán que reservar 2 bits de memoria del PLC. En este caso, al estado de Reposo se llamará Rep, y la Etapa 1, E1.

b) Diagrama de secuencia

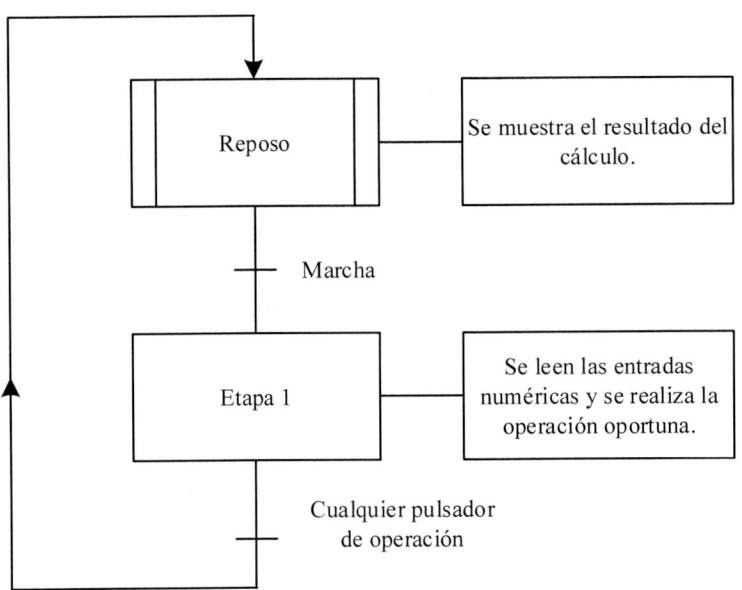

c) Solución programada

Para este apartado, se puede adaptar el diagrama de secuencia para obtener una buena solución y bien estructurada.

Al tener 2 etapas, habrá 2 bits de memoria que permitirán al sistema estar en un estado u otro.

En el estado de reposo, simplemente se debe convertir el resultado de la variable Resultado en un vector de bits para que se pueda mostrar por las salidas.

En la Etapa 1, se debe leer las entradas de cada uno de los números, mientras que, si se pulsa alguna operación, directamente se dejan de leer los números para pasar a la etapa de Reposo y mostrar el resultado de la operación realizada.

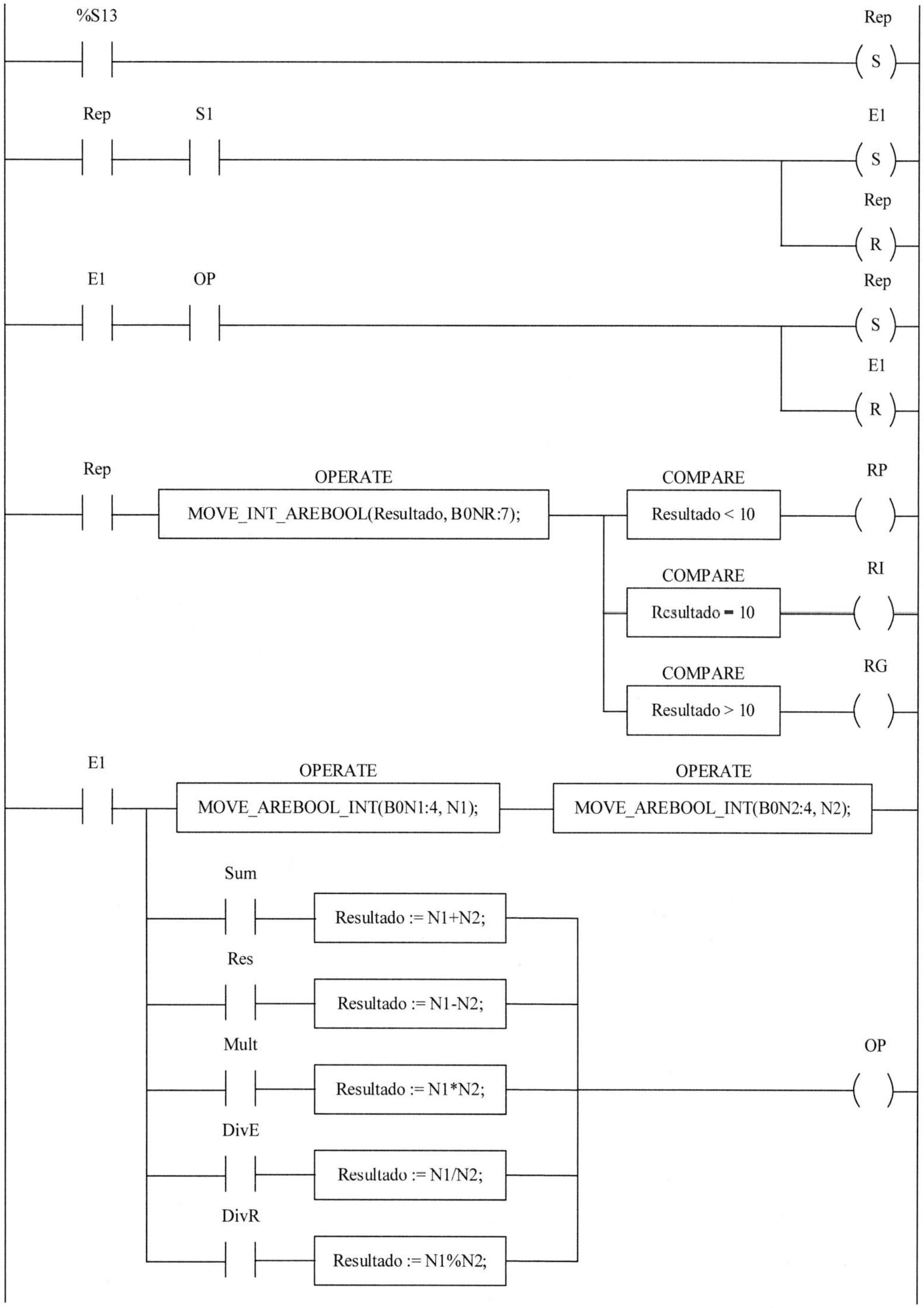

```
      %S13                                                            Rep
  ─────┤├──────────────────────────────────────────────────────────( S )──

      Rep         S1                                                  E1
  ─────┤├─────────┤├───────────────────────────────────────────┬────( S )──
                                                                │
                                                                │    Rep
                                                                └────( R )──

      E1          OP                                                  Rep
  ─────┤├─────────┤├───────────────────────────────────────────┬────( S )──
                                                                │
                                                                │    E1
                                                                └────( R )──

      Rep              OPERATE                        COMPARE         RP
  ─────┤├──────┌──────────────────────────────┐  ┌───────────────┐  ( )──
              │ MOVE_INT_AREBOOL(Resultado,    │  │ Resultado < 10│
              │ B0NR:7);                       │  └───────────────┘
              └──────────────────────────────┘
                                                    COMPARE          RI
                                                ┌───────────────┐   ( )──
                                                │ Rcsultado ▬ 10│
                                                └───────────────┘
                                                    COMPARE          RG
                                                ┌───────────────┐   ( )──
                                                │ Resultado > 10│
                                                └───────────────┘

      E1               OPERATE                        OPERATE
  ─────┤├──────┬───┌──────────────────────────┐  ┌──────────────────────────┐──
              │   │ MOVE_AREBOOL_INT(B0N1:4,  │  │ MOVE_AREBOOL_INT(B0N2:4,  │
              │   │ N1);                       │  │ N2);                      │
              │   └──────────────────────────┘  └──────────────────────────┘
              │    Sum
              ├────┤├───────┌──────────────────────┐
              │            │ Resultado := N1+N2;    │
              │            └──────────────────────┘
              │    Res
              ├────┤├───────┌──────────────────────┐
              │            │ Resultado := N1-N2;    │
              │            └──────────────────────┘
              │    Mult                                                OP
              ├────┤├───────┌──────────────────────┐                 ( )──
              │            │ Resultado := N1*N2;    │
              │            └──────────────────────┘
              │    DivE
              ├────┤├───────┌──────────────────────┐
              │            │ Resultado := N1/N2;    │
              │            └──────────────────────┘
              │    DivR
              └────┤├───────┌──────────────────────┐
                           │ Resultado := N1%N2;    │
                           └──────────────────────┘
```

Problema 3.8

Diseñar un programa que active la expulsión de un cilindro de doble efecto, controlado por una válvula 5/2 accionada por solenoide y muelle, de tal manera que al activarse la entrada S1, expulse el cilindro, esté un tiempo en posición de expulsión y luego recoja el cilindro. El tiempo que permanecerá el cilindro expulsado, lo indicarán las entradas D1 a D4 mediante la instrucción transferencia en segundos (0 a 15 segundos).

- D1 a D4: Tiempo que permanece expulsado el cilindro
- S1: Señal para la activación de la expulsión del cilindro
- DRec: Detector de recogida del cilindro
- FC: Final de carrera que detecta la extensión del cilindro
- C: Expulsión del cilindro

Para completar la solución de este automatismo se pide:

a) Listado de variables del sistema

b) Diagrama de secuencia

c) Resolución programada mediante Ladder

Resolución

a) Se enumera las entradas y salida de sistema

Entradas: pulsadores detectores de tiempo (D1 a D4, EBOOL), pulsador para enviar la señal (S1, EBOOL), detector de recogida del cilindro (DRec, EBOOL), detector de extensión del cilindro (FC, EBOOL).

Salidas: actuación del cilindro (C, EBOOL).

Al tratarse de un problema de etapas-transiciones, se deben reservar bits de memoria para situar el programa en una etapa u otra. En este caso, hay cuatro etapas, por lo que habrá que nombrar las etapas: Reposo (Rep), Etapa 1 (E1), Etapa 2 (E2), Etapa 3 (E3).

Al decidir el tiempo a través de las variables de entrada, se debe generar una variable para poder almacenar este dato. En este caso, se guarda tiempo, por lo que se tendrá que crear una variable tipo TIME, llamada Temp.

Se deberá crear también una variable tipo INT. Esta variable será una especie de intermediario entre las entradas digitales y la variable temporal. Esta variable numérica se nombrará como Tiempol.

b) Diagrama de secuencia

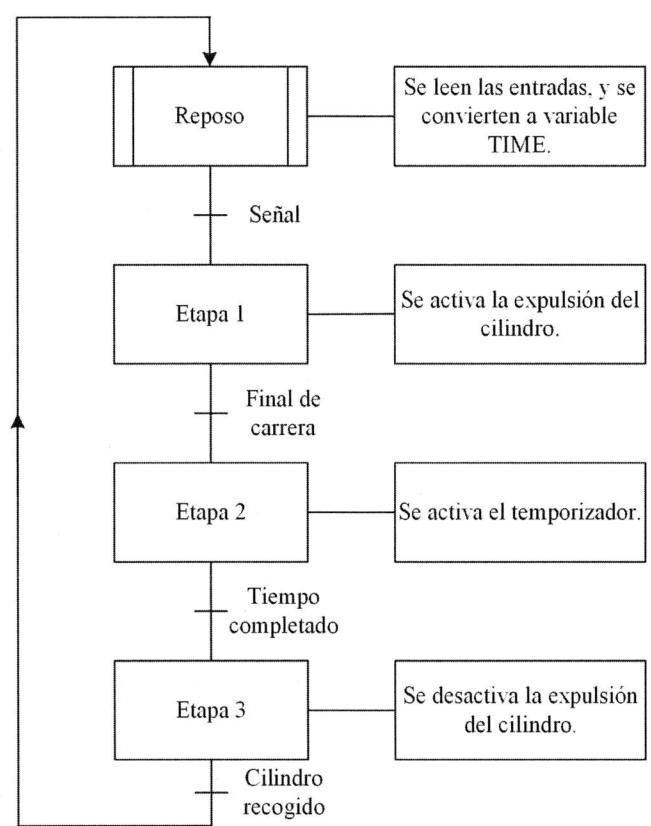

c) Solución programada

Para empezar la resolución del problema, se sitúa el PLC en el estado de Reposo gracias a la instrucción %S13, la cual da un 1 pulso en el primer ciclo de SCAN del PLC.

En los diferentes estados se deben ejecutar las diferentes acciones que se plantean en el diagrama anterior. Así pues, en el estado de reposo, se leen continuamente las entradas D1 a D4 para obtener el tiempo que el cilindro debe estar extendido.

En la Etapa 1, se activa el cilindro, esperando que llegue al final de carrera para cambiar de etapa y empezar la temporización.

En la Etapa 2, se empieza a contar el tiempo transcurrido y, una vez finalizado, se pasa a la Etapa 3.

Finalmente, en esta última etapa, se desactiva el cilindro para que vuelva a su reposo, y así poder volver a iniciar otro ciclo.

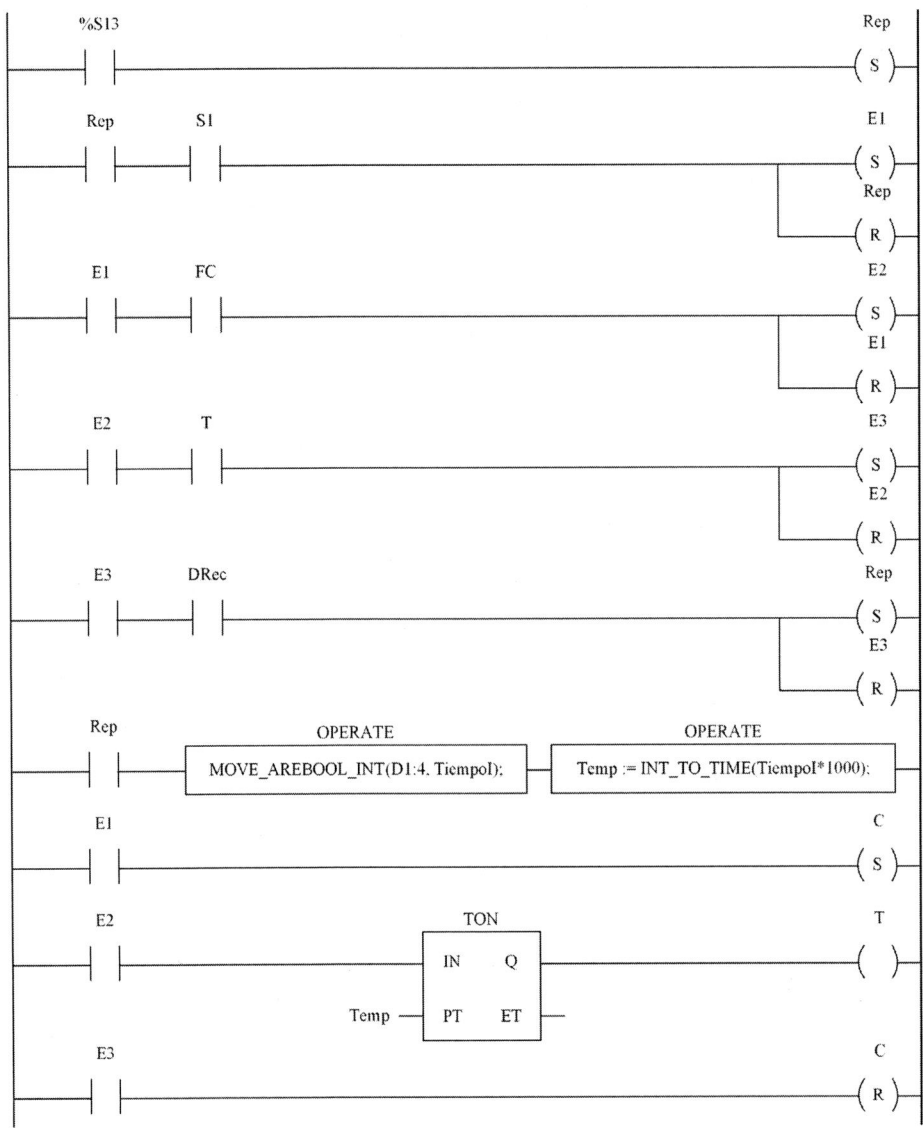

Problema 3.9

Se desea controlar el funcionamiento de una máquina de llenado de vasos de helado. Los vasos se llenan en grupos de cuatro mediante 4 boquillas. Una vez se pulsa Marcha (pulsador NA), se activa la cinta transportadora, y 5 segundos después un grupo de cuatro vasos estará colocado debajo de las cuatro boquillas (de B0 a B3), parándose dicha cinta e iniciándose el llenado.

Existen dos tipos de vasos: pequeño y grande, siendo el tiempo de llenado para cada uno de ellos de 3 y 5 segundos respectivamente, que se seleccionará mediante un conmutador conectado a un selector (si este selector vale 0, corresponde a un vaso pequeño, y si vale 1, corresponde a un vaso grande).

Una vez llenos los vasos, se reanudará el movimiento de la cinta transportadora y pasados cinco segundos se repetirá un nuevo ciclo de llenado, así sucesivamente hasta que se pulse Paro (pulsador NC), momento en el que se detendrá al finalizar el ciclo de trabajo.

Se dispone así mismo un contador que realiza el contaje del número de vasos llenados (ciclos) que lleva realizado el sistema, mostrándose en BCD en las salidas V0-V15 (0 a 9999) pasando a cero el número de ciclos cada vez que se active el pulsador de reseteo del contador.

Referencias:

– SV: selector del tipo de vaso
– S1: inicio del ciclo
– S2: parada final del ciclo
– RC: pulsador de reseteo para el contador
– B0 a B3: boquillas de llenado
– C: cinta
– V0-V15: salida en BCD del número de ciclos completado

Para completar la solución de este automatismo se pide:

a) Listado de variables del sistema
b) Diagrama de secuencia
c) Solución programada mediante el uso de bloques de comando y el método de etapas-transiciones en Ladder

Resolución

a) Se enumera las entradas y salida de sistema

Entradas: selector del tipo de vaso (SV, EBOOL), pulsador de Marcha (S1, EBOOL), pulsador de Paro (S2, EBOOL), pulsador de reseteo del contador (RC, EBOOL).

Salidas: boquillas 0, 1, 2 y 4 (B0, B1, B2, B3, respectivamente, EBOOL), cinta (C, EBOOL), salida en BCD del número de ciclos realizados (V0-V15, EBOOL).

Al resolver este problema con el método de etapas y transiciones, aparecen diferentes etapas. En este caso, 4 etapas. Para ello, se deberá reservar espacio en memoria para poder guardar el estado actual del PLC para saber en qué etapa se encuentra. Se enumeran: Reposo (Rep), Etapa 1 (E1), Etapa 2 (E2), Etapa 3 (E3).

También se debe realizar el conteo de las veces que se acaba un ciclo. Internamente se debe hacer con una variable tipo INT, así que se declara la variable: se llamará ContadorC.

Por otro lado, en función de si se pulsa el selector de vaso, el tiempo de llenado será uno u otro. De esta manera, una opción es crear una variable tipo TIME, que en función de si el pulsador está a 1 o a 0, se hará variar su valor.

Finalmente, el sistema se debe dar cuenta de que los temporizadores han acabado para pasar de etapa. Para ello, se crean otras 2 variables, las cuales serán la condición para pasar de etapa.

b) Diagrama de secuencia

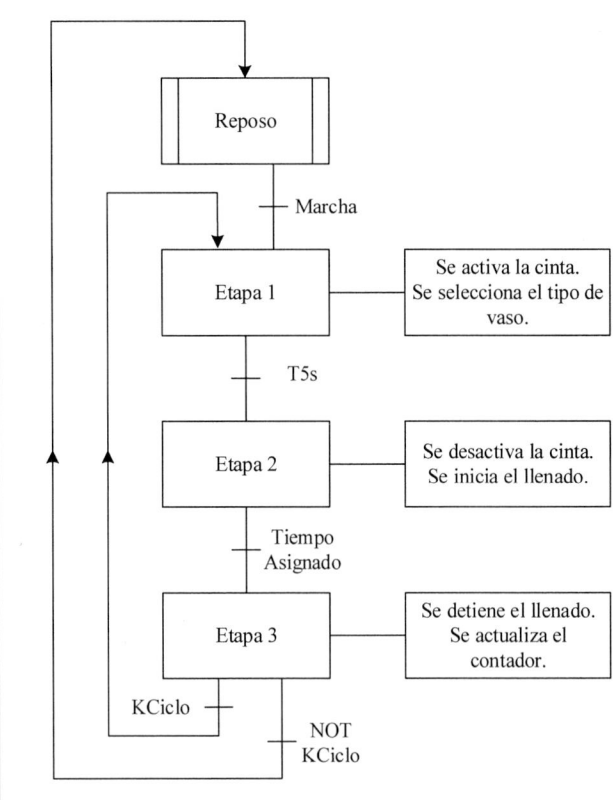

c) Solución programada

El programa se inicia con la función %S13 para situar el PLC en la etapa de reposo.

Una vez se haya conectado el PLC, el programa ya está a disposición de las entradas. Se deben tener en cuenta que en las etapas hay más de una acción que realizar, y se debe seguir un orden.

También es importante fijarse que el incremento de 1 del contador solo debe ser de 1 en 1. Es decir, en un mismo ciclo de SCAN no puede sumarse 2, ya que no sería el funcionamiento correcto. Así, lo que se debe hacer es colocar un contacto de flanco ascendente, de manera que solo hará incrementar en 1 una sola vez.

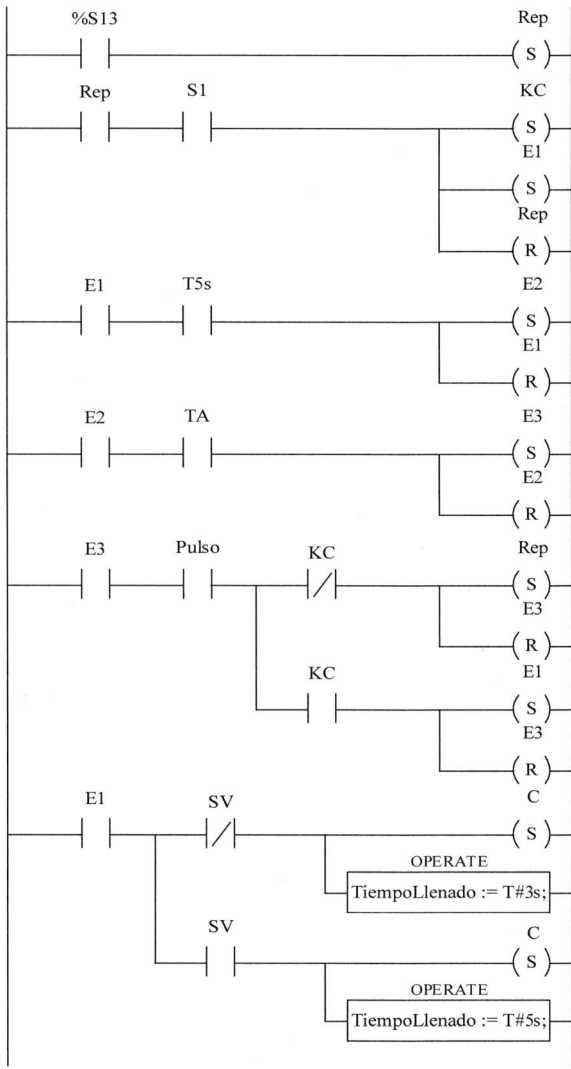

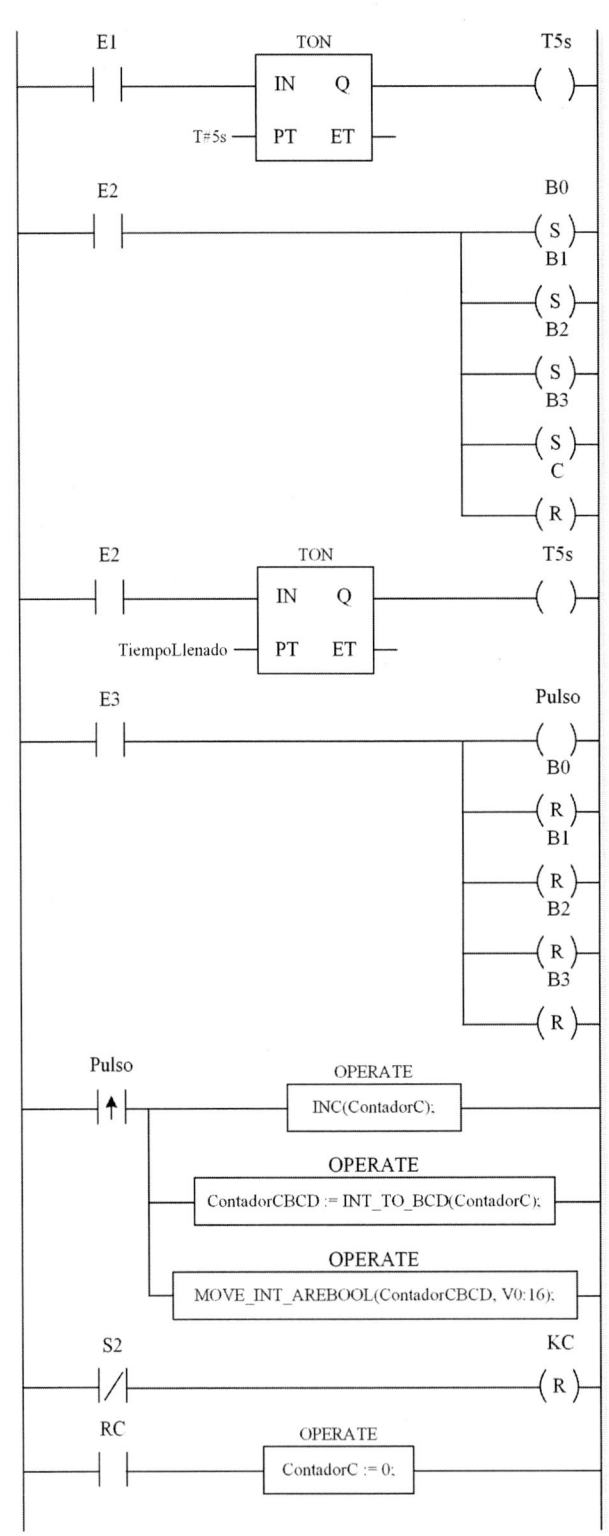

Problema 3.10

Diseñar el arranque secuencial de 8 motores conectados a las salidas M0 a M7, siguiendo el siguiente ciclo de trabajo:

– Al pulsar Marcha, se inicia el arranque secuencial de los motores cada 5 segundos, empezando por M0 y acabando en M7.

– Durante el proceso de marcha, o cuando estén todos en marcha, al pulsar Paro (pulsador NC), se detendrán secuencialmente cada 1 segundo desde el último activo a M0 hasta quedar el sistema en reposo.

– En cualquier momento, al pulsar Emergencia se detendrán instantáneamente todos los motores.

Para completar la solución de este automatismo se pide:

a) Listado de variables del sistema

b) Diagrama de secuencia

c) Resolución programada mediante lenguaje de contactos y bloques de comando

Resolución

a) Se enumera las entradas y salida de sistema

Entradas: pulsador de Marcha (S1, EBOOL), pulsador de Paro (S2, EBOOL), pulsador de Emergencia (SE, EBOOL),

Salidas: los motores de M0 a M7 (EBOOL).

Al resolver el problema mediante etapas y transiciones, se deben usar bits de memoria para poder almacenar el estado del ciclo. En este caso, al haber 3 etapas, se necesitarán 3 bits de memoria: Reposo (Rep), Etapa 1 (E1), Etapa 2 (E2).

También se necesitará enviar un pulso para que se activen o desactiven los motores, en función del sistema. Para ello, se crean dos variables, R y R2, las cuales servirán para reiniciar los temporizadores y a la vez enviar estos pulsos que se precisan.

b) Diagrama de secuencia

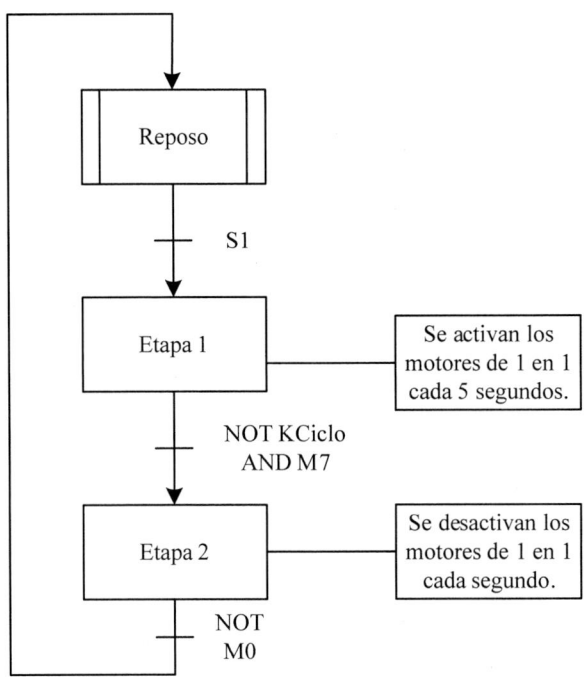

c) Solución programada

Para empezar el programa se usa la instrucción %S13 para situar el PLC en la etapa de Reposo.

Una vez empiece el ciclo, los motores se irán encendiendo cada 5 segundos, ya que con una variable INT, se actualiza su valor, de manera que al pasarlo a binario sea una cadena de ceros y unos. A medida que se actualiza el valor, este se transfiere a las salidas digitales mediante el comando MOVE_INT_AREBOOL.

Para el encendido, se multiplica por 2 y se le suma 1, ya que al multiplicar por 2 en binario es equivalente a multiplicar por 10 en decimal. De esta forma, se consigue que cada 5 segundos se encienda un motor nuevo.

En el caso del apagado, solo es necesario dividir entre 2, ya que al ser un INT la parte decimal no afecta al progreso del sistema.

Para la parada de emergencia, se fuerza el valor de la variable INT a 0 y se transfiere a las salidas digitales, además de mover el estado del sistema a la etapa correspondiente.

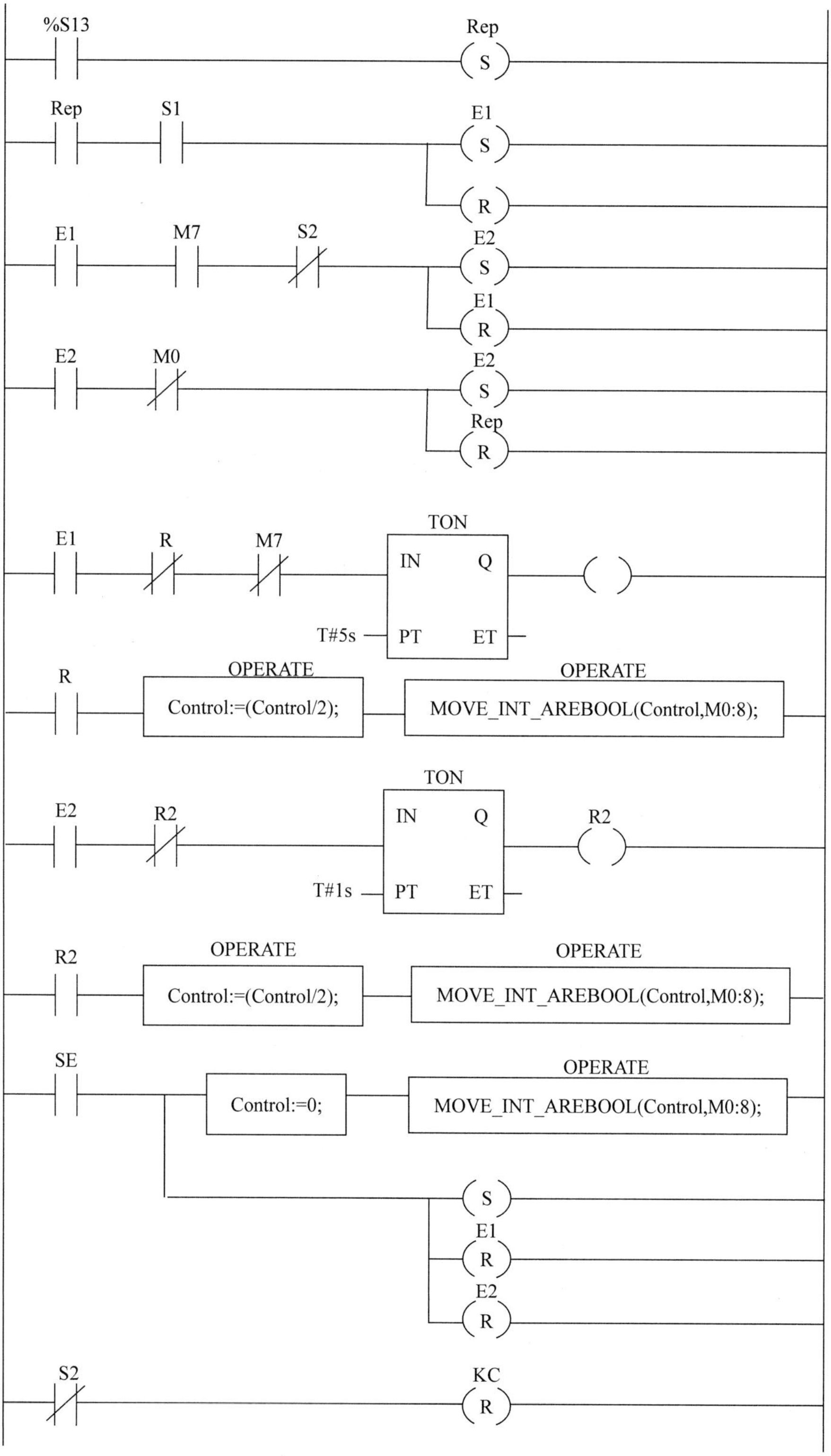

```
  %S13                                    Rep
───┤├──────────────────────────────────────( S )──

  Rep      S1                              E1
───┤├──────┤├───────────────────────────┬──( S )──
                                         │
                                         └──( R )──

  E1       M7       S2                    E2
───┤├──────┤├──────┤/├───────────────────┬──( S )──
                                         │   E1
                                         └──( R )──

  E2       M0                             E2
───┤├──────┤/├───────────────────────────┬──( S )──
                                         │  Rep
                                         └──( R )──


                               ┌── TON ──┐
  E1       R       M7          │ IN    Q │
───┤├──────┤/├─────┤/├─────────┤         ├────( )──
                               │         │
                       T#5s ───┤ PT   ET │
                               └─────────┘

  R        ┌──── OPERATE ────┐    ┌──────── OPERATE ────────┐
───┤├──────┤ Control:=(Control/2); │    │ MOVE_INT_AREBOOL(Control,M0:8); │
           └─────────────────┘    └─────────────────────────┘


                               ┌── TON ──┐
  E2       R2                  │ IN    Q │     R2
───┤├──────┤/├─────────────────┤         ├─────( )──
                               │         │
                       T#1s ───┤ PT   ET │
                               └─────────┘

  R2       ┌──── OPERATE ────┐    ┌──────── OPERATE ────────┐
───┤├──────┤ Control:=(Control/2); │    │ MOVE_INT_AREBOOL(Control,M0:8); │
           └─────────────────┘    └─────────────────────────┘


  SE                                       ┌──────── OPERATE ────────┐
───┤├───────────┬──┤ Control:=0; ├─────────┤ MOVE_INT_AREBOOL(Control,M0:8); │
                │  └────────────┘          └─────────────────────────┘
                │
                └─────────────────────────────( S )──
                                               E1
                                            ──( R )──
                                               E2
                                            ──( R )──

  S2                                       KC
───┤/├──────────────────────────────────────( R )──
```

Problema 3.11

Modificar el programa del problema anterior para permitir a un operador poner el proceso de arranque en modo automático (Modo = 1) tal como el descrito en el programa anterior o en modo manual (Modo = 0).

Cuando esté trabajando en modo manual, el operario podrá poner en marcha o parar los motores 0 a 7 usando las entradas desde BM0 a BM7.

Para completar la solución de este automatismo se pide:

a) Listado de las variables añadidas al sistema
b) Diagrama de secuencia
c) Resolución en Ladder

Resolución

a) Se enumera las entradas y salida de sistema

Entradas: selector del modo del ciclo (Modo, EBOOL), entradas de selección de los motores (de BM0 hasta BM7, EBOOL).

Salidas: no se añaden nuevas salidas al sistema.

En relación a las etapas, se añade una más. En este caso para poder representar el modo manual.

b) Diagrama de secuencia

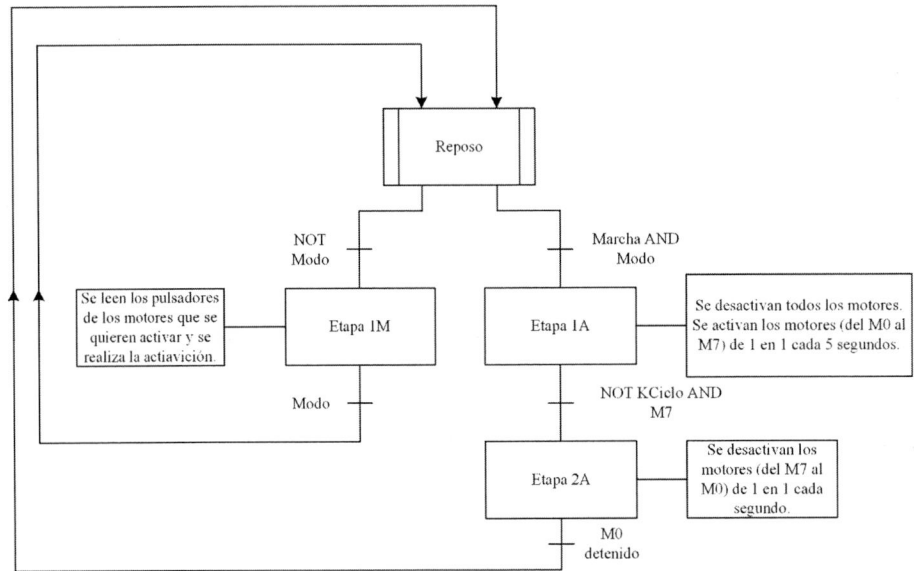

c) Solución programada

Uno de los cambios que se realiza en este programa respecto al anterior, es una nueva rama en la etapa 0. Esto es debido a que desde esta etapa se debe poder "saltar" de la etapa 1 a la 3, ya que cada una de ellas representa un modo de funcionamiento distinto.

Otra modificación es la creación de una bobina llamada PD. Se usa para que cuando se cambie de modo manual a automático, esta mande un pulso y se apaguen todos los motores, ya que, si no se realiza, puede haber conflictos entre los motores y entre las variables en sí.

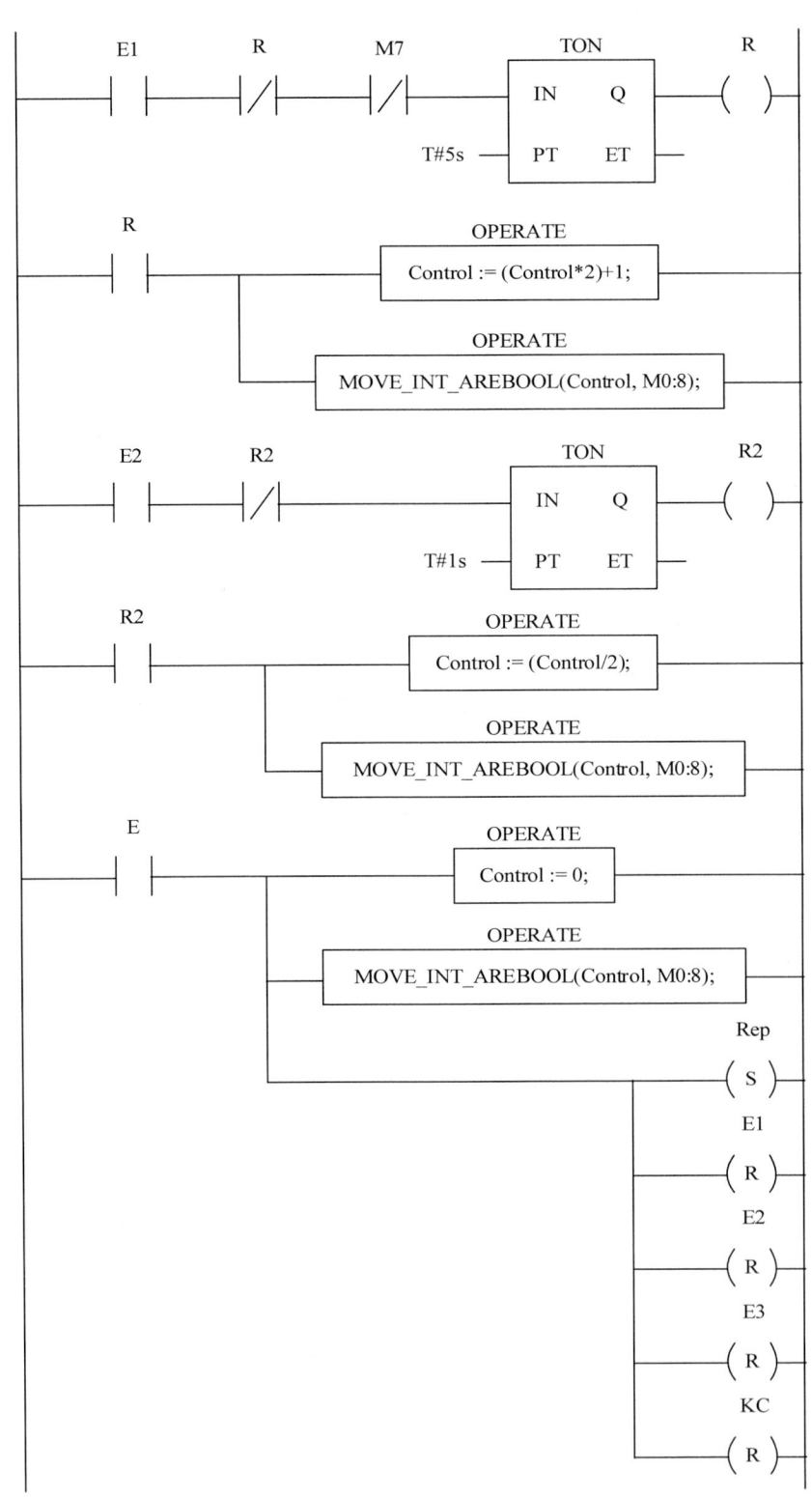

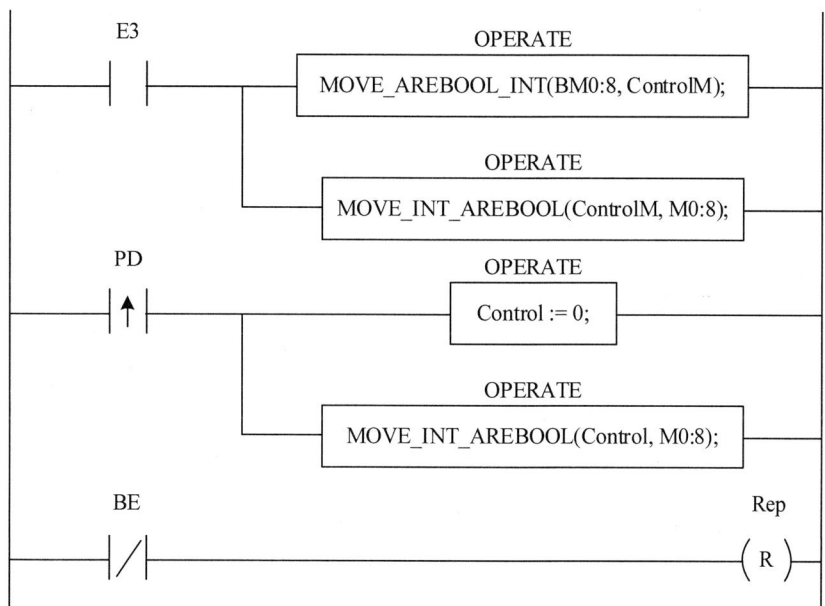

Problema 3.12

Diseñar un programa que visualice en las salidas V15-V0 en BCD, el número de pulsos de flanco ascendente generados en la entrada S1. Si el número de pulsos supera 9999, se activará una alarma parpadeante a intervalos de 1 segundo, hasta que se pulse Reset.

Para completar la solución de este automatismo se pide:

a) Listado de variables del sistema
b) Diagrama de secuencia
c) Resolución programada usando bloques de comando y el método de etapas-transiciones

Resolución

a) Se enumera las entradas y salida de sistema

Entradas: pulsador S1 (NA, EBOOL), pulsador de Reset (SR, EBOOL).
Salidas: alarma (A, EBOOL), visualizador BCD (V15-V0, EBOOL).

En este caso, hay 2 etapas que se denominarán: Reposo (Rep), Etapa 1 (E1).

Para la alarma parpadeante, se usará una variable llamada Alarma Parpadeante (AP), que solo se iluminará cuando la alarma A esté activa. Esta Alarma Parpadeante también dependerá de una variable auxiliar, que permitirá al sistema realizar el ciclo de 1 segundo.

Finalmente, como el problema se basa en contar, se requerirá de una variable para poder contar, así como también pasarla a BCD para poder mostrar el valor a través del visualizador. Para ello, la variable tipo INT que contará naturalmente será llamada ContadorI, mientras que la variable tipo INT pero que contendrá el valor en BCD será Contador BCD.

b) Diagrama de secuencia

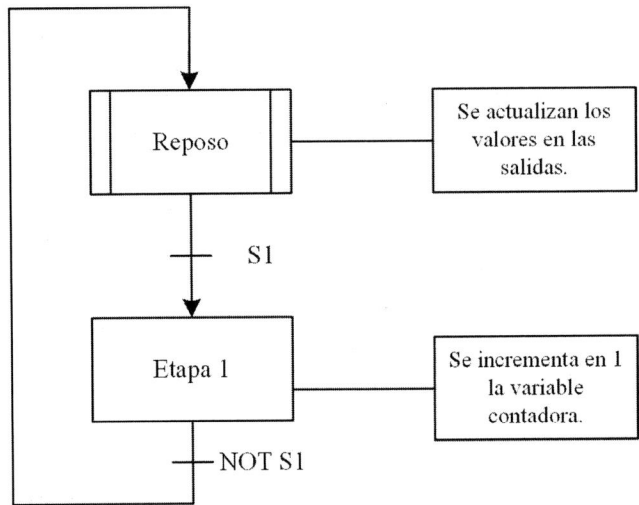

c) Solución programada

Para situar al PLC en el estado de reposo, se usa la instrucción %S13, que estará activa durante el primer ciclo de SCAN del PLC.

Posteriormente, se espera a que se cumplan las transiciones del diagrama de secuencia para ejecutar el programa.

Se debe tener en cuenta que los dos pulsadores son NA, y que hasta que no se deje de pulsar S1, el valor de la salida no se actualizará, a pesar de que internamente sí se ha actualizado.

```
      %S13                                                          Rep
    ──┤ ├────────────────────────────────────────────────────────( S )──

      Rep      S1                                                   E1
    ──┤ ├─────┤ ├─────────────────────────────────────────────────( S )──
                                                                   Rep
                                                                  ( R )──

      E1       S1                                                  Rep
    ──┤ ├─────┤/├─────────────────────────────────────────────────( S )──
                                                                    E1
                                                                  ( R )──

      Rep           OPERATE                        OPERATE
    ──┤ ├──┌──────────────────────────┐  ┌─────────────────────────────────┐
           │ ContadorBCD := INT_TO_BCD (Contador1); │ │ MOVE_INT_AREBOOL(ContadorBCD, V0;16); │
           └──────────────────────────┘  └─────────────────────────────────┘

      E1                                                            FA
    ──┤ ├────────────────────────────────────────────────────────(   )──

      FA                      OPERATE
    ──┤↑├──────────┌────────────────────┐
                   │ INC(Contador1);     │
                   └────────────────────┘
          COMPARE                                                   A
    ──┌─────────────────┐─────────────────────────────────────────( S )──
      │ Contador1 = 9999 │
      └─────────────────┘

      A       Aux                 TON                               AP
    ──┤ ├─────┤/├────────────┌──────────┐────────────────────────(   )──
                             │ IN     Q │
                      T#1s ──┤ PT    ET ├──
                             └──────────┘

      AP                          TON                               Aux
    ──┤ ├───────────────────┌──────────┐────────────────────────(   )──
                             │ IN     Q │
                      T#1s ──┤ PT    ET ├──
                             └──────────┘

      SR                    OPERATE                                 A
    ──┤ ├────────────┌─────────────────┐──────────────────────────( R )──
                     │ Contador1 := 0;  │
                     └─────────────────┘
```

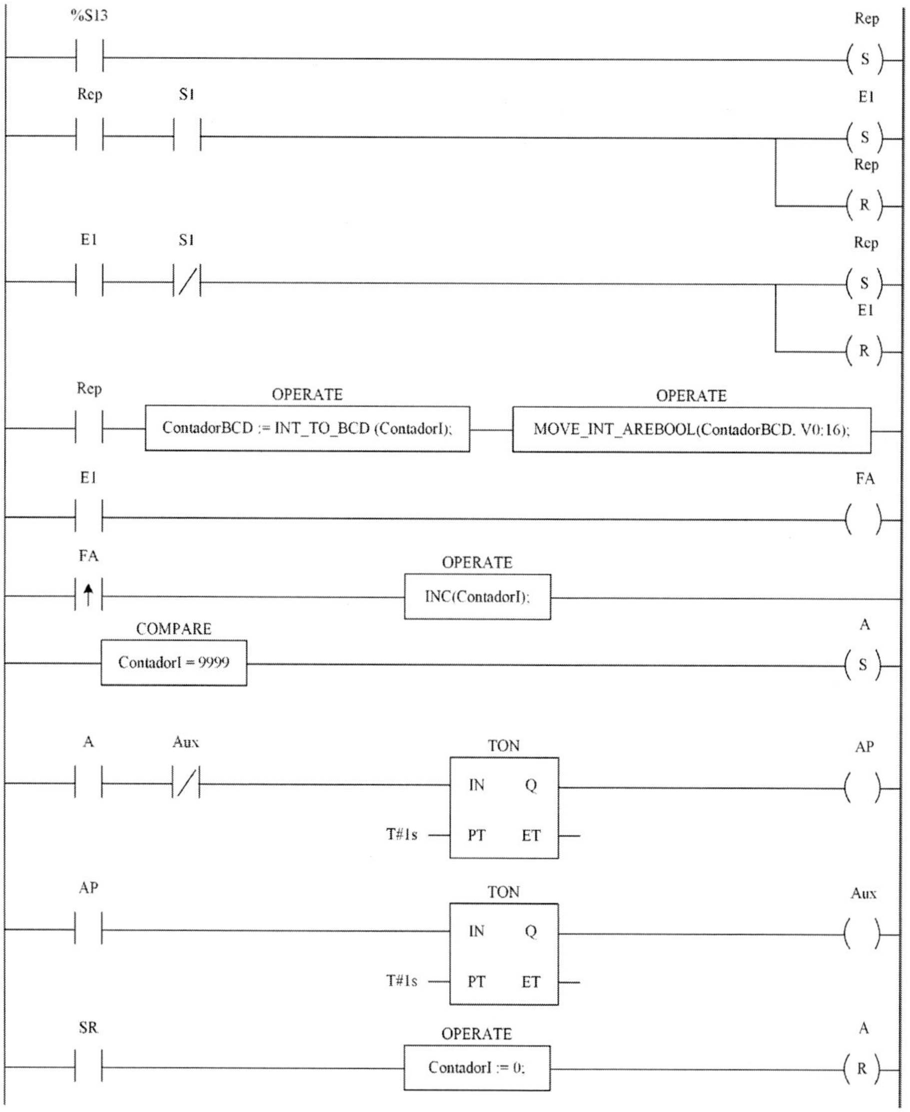

Problema 3.13

Se desea programar el movimiento horizontal de un manipulador mediante un tornillo sin fin acoplado al eje de un motor paso a paso, de tal manera que, si el motor gira en sentido horario, se produce el movimiento hacia la izquierda del manipulador y si gira en sentido antihorario se produce el movimiento hacia la derecha del manipulador.

El motor encargado de realizar los movimientos, consiste en un motor paso a paso, al cual se le han de introducir las formas de onda indicadas en la siguiente figura para que el driver del motor sea capaz de hacerlo girar en modo Full-Step.

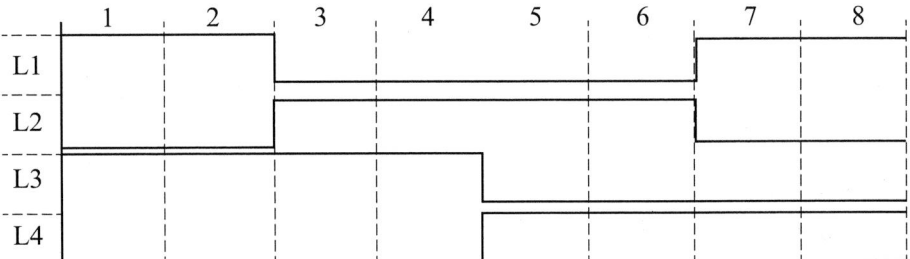

Realizar el programa que realiza el giro del motor en ambos sentidos mediante la introducción de todos los estados del ciclo descrito anteriormente en un único registro y la rotación de cuatro posiciones a la izquierda o a la derecha llevando a las salidas los cuatro bits menos significativos de dicho registro que determinan el movimiento del motor. De tal manera que:

– Al activar marcha, se inicie el giro del motor.

– Si el pulsador de giro está activo, se producirá el giro hacia la derecha, mientras que, si está desactivado, se producirá el giro hacia la izquierda. En cualquier momento se puede producir el cambio del sentido del motor sin pasar por paro.

– Al activar el pulsador de Paro, el motor se detendrá.

– La anchura de cada uno de los ocho pulsos del cronograma es de 500 ms.

Para completar la solución de este automatismo se pide:

a) Listado de variables del ciclo

b) Diagrama de secuencia

c) Programación en Ladder

Resolución

a) Se enumera las entradas y salida de sistema

Entradas: pulsador de Marcha (S1, EBOOL), pulsador de Paro (S2, EBOOL), pulsador de Giro (SG, EBOOL).

Salidas: activación del motor (M, EBOOL), bits para indicar los pulsos (L4-L1, EBOOL).

Los pulsos tienen una duración de 500 ms, por lo que cambian cada este tiempo. Para poder realizar este cambio, se necesitará crear una especie de reloj que envíe internamente una señal en el PLC para mandar el cambio. Para ello, se crea una variable llamada Aux, que permitirá al sistema crear este reloj.

La mejor manera de enviar estos pulsos, es mediante un número en hexadecimal, ya que cada número esta formado de 4 bits. Como se puede observar, hay 8 pulsos y 4 salidas, por lo que se necesitarán 32 bits para declarar todo el cronograma. En consecuencia, esta variable numérica, que se llamará Numero, no puede ser de tipo INT, ya que solo dispone de 16 bits. Se requerirá que sea de tipo DINT, ya que esta sí que posee 32 bits.

Esta variable deberá tener el número que satisface la transmisión de bits. Si se considera que la salida L1 equivaldría al LSB, y la salida L4 al cuarto bit menos significativo, este número debe ser, en hexadecimal, el 99AA6655.

b) Diagrama de secuencia

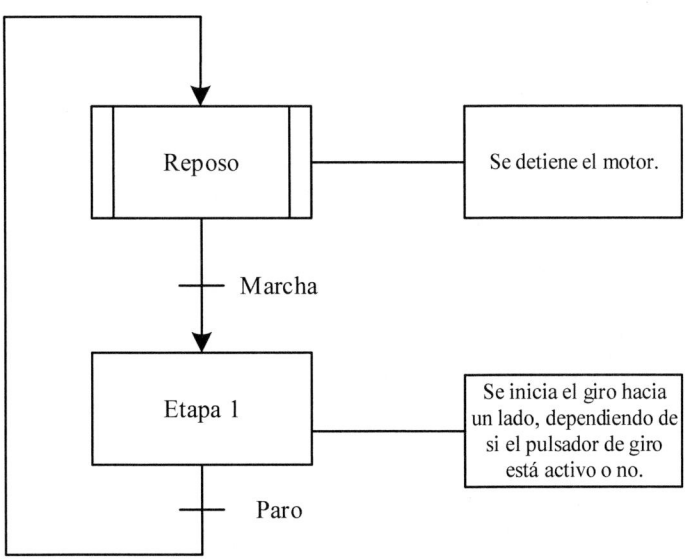

c) Solución programada

El programa se inicia con la asignación del número necesario para la transmisión correcta de bits. También se manda el PLC a la etapa de reposo, para que pueda comprobar las transiciones y ejecutar el programa siguiendo las etapas y transiciones.

Para que se pueda realizar correctamente la transmisión de pulsos, el número debe ir cambiando su valor, ya que siempre se transmite los 4 bits menos significativos. De esta forma, se usa la función ROR (para desplazar los bits del número hacia la derecha), o bien la función ROL (realiza la misma operación que ROR, pero hacia la izquierda).

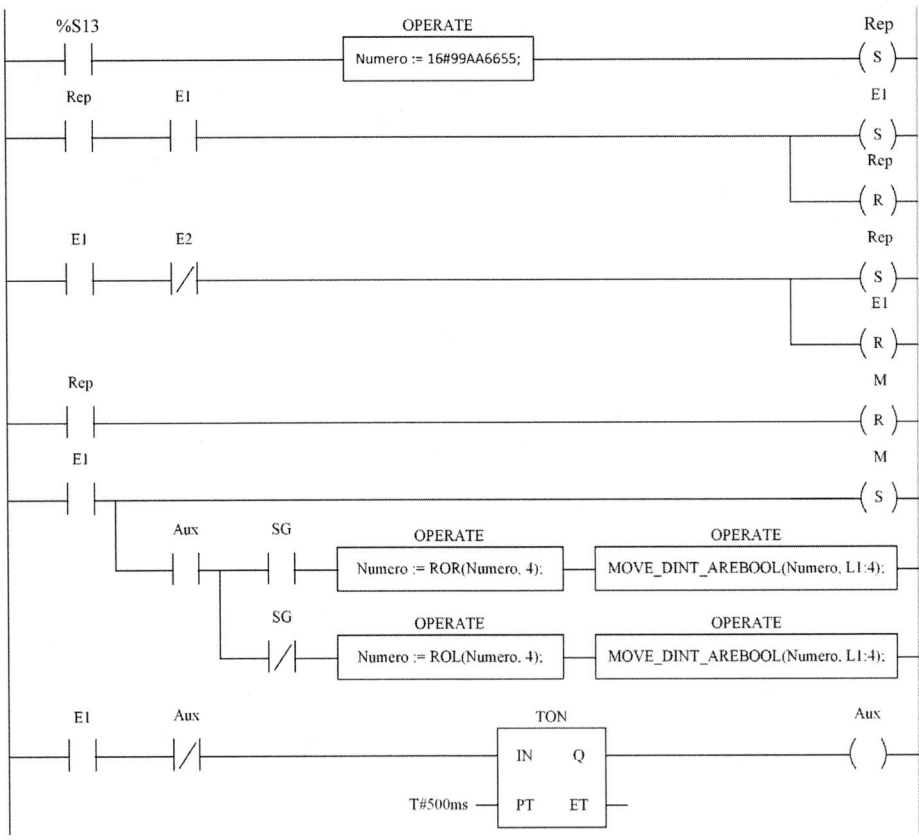

Problema 3.14

Debe programarse la conexión de un teclado decimal con el autómata programable. Esta rutina debe permitir memorizar una secuencia de hasta 4 cifras consecutivas provenientes de un teclado decimal (números 0 hasta 9). Cada tecla (pulsador) está directamente conectada a una entrada del autómata, según el convenio:

- Tecla 0 ... T0
- Tecla 1 ... T1
- ...
- Tecla 9 .... T9

La entrada S1 se usará para indicar la finalización de la secuencia de entrada de datos.

Una vez validado el número, se debe visualizar en formato bcd por las salidas V15-V0.

Para completar la solución de este automatismo se pide:

a) Listado de variables del sistema

b) Diagrama de secuencia

c) Programación en Ladder

Resolución

a) Se enumera las entradas y salida de sistema

Entradas: teclas para seleccionar números (T0, T1, T2, ..., T9, EBOOL), pulsador S1 para mostrar el número de 4 cifras.

Salidas: visualizador para ver el número guardado (V15-V0, EBOOL).

Se crea otra variable booleana para indicar al programa que se ha pulsado una tecla. Esta variable es llamada "tecla pulsada" (TP, EBOOL).

También se deben crear variables numéricas. En este caso se crean 2. La primera llamada N, que adopta el valor del pulsador que se esté presionando. Finalmente se genera otra variable, llamada NT. Esta variable va acumulando los valores de las teclas que se han ido pulsando.

b) Diagrama de secuencia

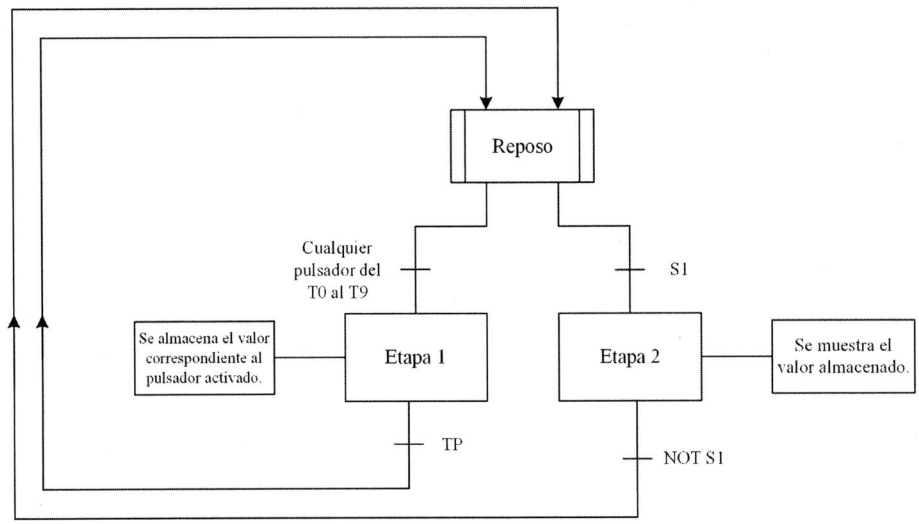

c) Solución programada

El programa se empieza con la sentencia %S13, que permite situar al PLC en la etapa de reposo desde el primer ciclo de SCAN del PLC.

Del modo que se ha solucionado, se le añade un temporizador. Este temporizador impide que se añada el mismo número más de una vez cuando se pulsa el botón. De esta manera, hasta que no pasa el tiempo establecido (500 ms), no se podrá añadir más números a la variable.

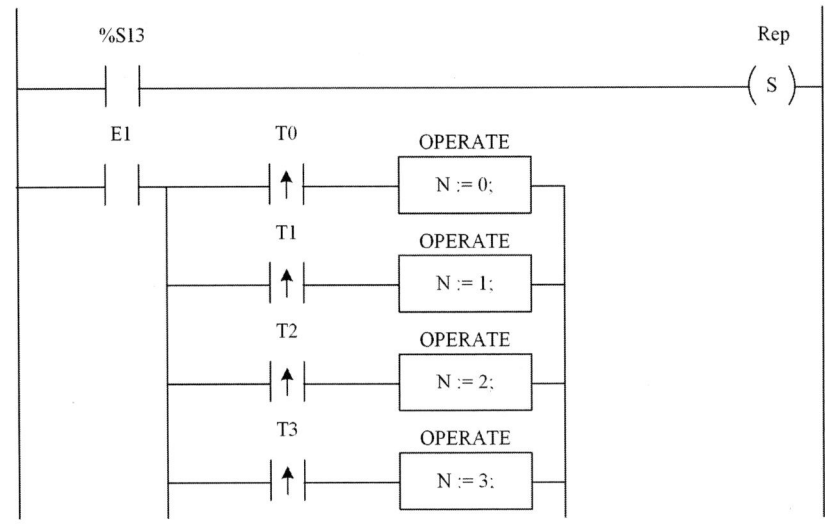

```
    T4          OPERATE
    |↑|         N := 4;                              Rep
                                                    ( )
    T5          OPERATE
    |↑|         N := 5;

    T6          OPERATE
    |↑|         N := 6;

    T7          OPERATE
    |↑|         N := 7;

    T8          OPERATE
    |↑|         N := 8;

    T9          OPERATE
    |↑|         N := 9;
```

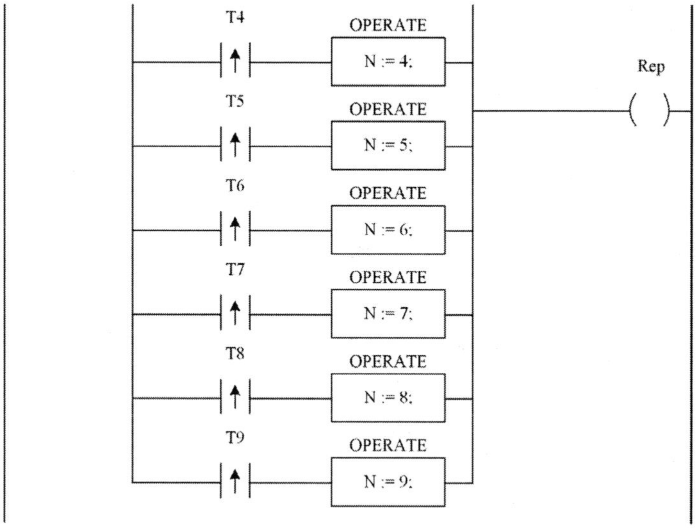

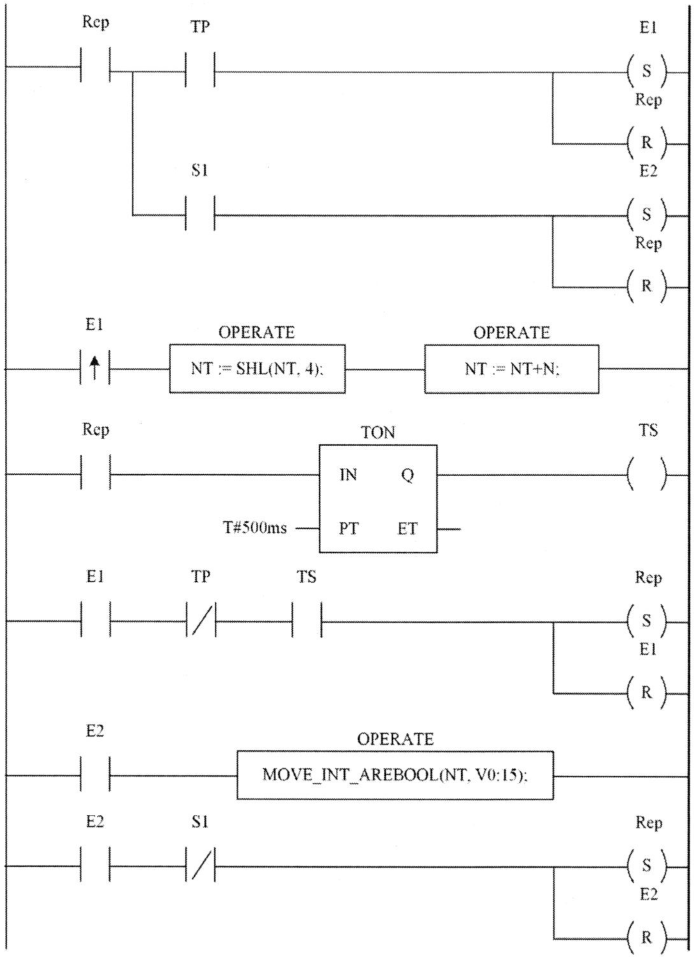

```
  Rep     TP                                 E1
  | |     | |                               ( S )
                                             Rep
                                            ( R )
          S1                                 E2
          | |                               ( S )
                                             Rep
                                            ( R )

  E1          OPERATE              OPERATE
  |↑|      NT := SHL(NT, 4);    NT := NT+N;

  Rep                   TON                    TS
  | |                                         ( )
                   IN       Q
      T#500ms ─── PT      ET ───

  E1      TP      TS                          Rep
  | |     |/|     | |                        ( S )
                                              E1
                                             ( R )

  E2               OPERATE
  | |       MOVE_INT_AREBOOL(NT, V0:15);

  E2      S1                                  Rep
  | |     |/|                                ( S )
                                              E2
                                             ( R )
```

117

Problema 3.15

Las entradas desde B7 a B0 se usan para introducir sucesivamente dos números en BCD de dos dígitos cada uno de ellos (de 00 a 99). Cuando se active la entrada S1, se leerá en las entradas el valor correspondiente al primer número y cuando se active S2 se leerá el segundo número.

La suma de ambos números se visualizará en tres displays siete segmentos conectados a las salidas V11-V0, por donde se obtiene el resultado en BCD. Si alguno de los dígitos de entrada es superior a 9, el display deberá mostrar el valor de 000.

Para completar la solución de este automatismo se pide:

a) Listado de variables del sistema

b) Diagrama de secuencia

c) Resolución programada

Resolución

a) Se enumera las entradas y salida de sistema

Entradas: selector de número (B7-B0, EBOOL), pulsador selección número 1 (S1, EBOOL), pulsador selección número 2 (S2, EBOOL).

Salidas: visualizador de tres display de siete segmentos.

Al tratarse de un problema con introducción de números por parte del operario para después tratarlos, se deben crear diferentes variables. En este caso, todas serán de tipo INT. Como se introducen en BCD, es necesario crear una variable para almacenar la cifra de la decena y de la unidad, ya que para posteriormente verificar si los números introducidos son más grandes a 9, será mucho más cómodo. De esta manera, se llamarán "DBCD" para la variable que almacena el valor de la decena, y "UBCD" para el valor de la unidad.

Estos valores se combinan para formar un número. Según el pulsador de selección de número que se haya pulsado, este nuevo valor debe guardarse en la respectiva memoria. Para ello, se crea 2 variables: N1 para el valor del número del pulsador S1, y N2, para el valor del pulsador S2.

Seguidamente, los valores almacenados en N1 y N2 se deben sumar. Simplemente se crea otra variable, llamada NT, donde será la suma de estos números. Para poder mostrar la suma de estos números, se debe pasar a BCD, así que se crea una variable para poder almacenar NT en BCD. Será llamada NTBCD.

Finalmente, se debe tener en cuenta que en BCD se puede escribir hasta el número 15, pero como el objetivo es no sobrepasar el 9, se debe crear una variable booleana que indique al sistema si alguno de los números introducidos es mayor o igual a 10. Se llamará NS9.

b) Diagrama de secuencia

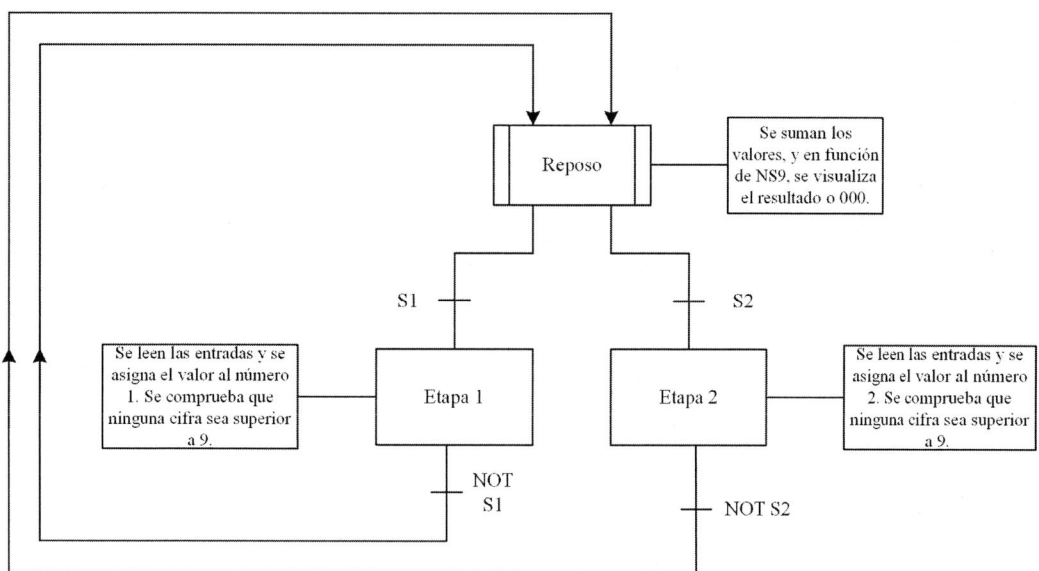

c) Solución programada

Se empieza el programa con una sentencia %S13 para indicar al PLC la posición de reposo, para así esperar a que se cumplan las transiciones para arrancar.

A partir de aquí, se implementa el diagrama de secuencia usando los bloques OPERATE y COMPARE necesarios.

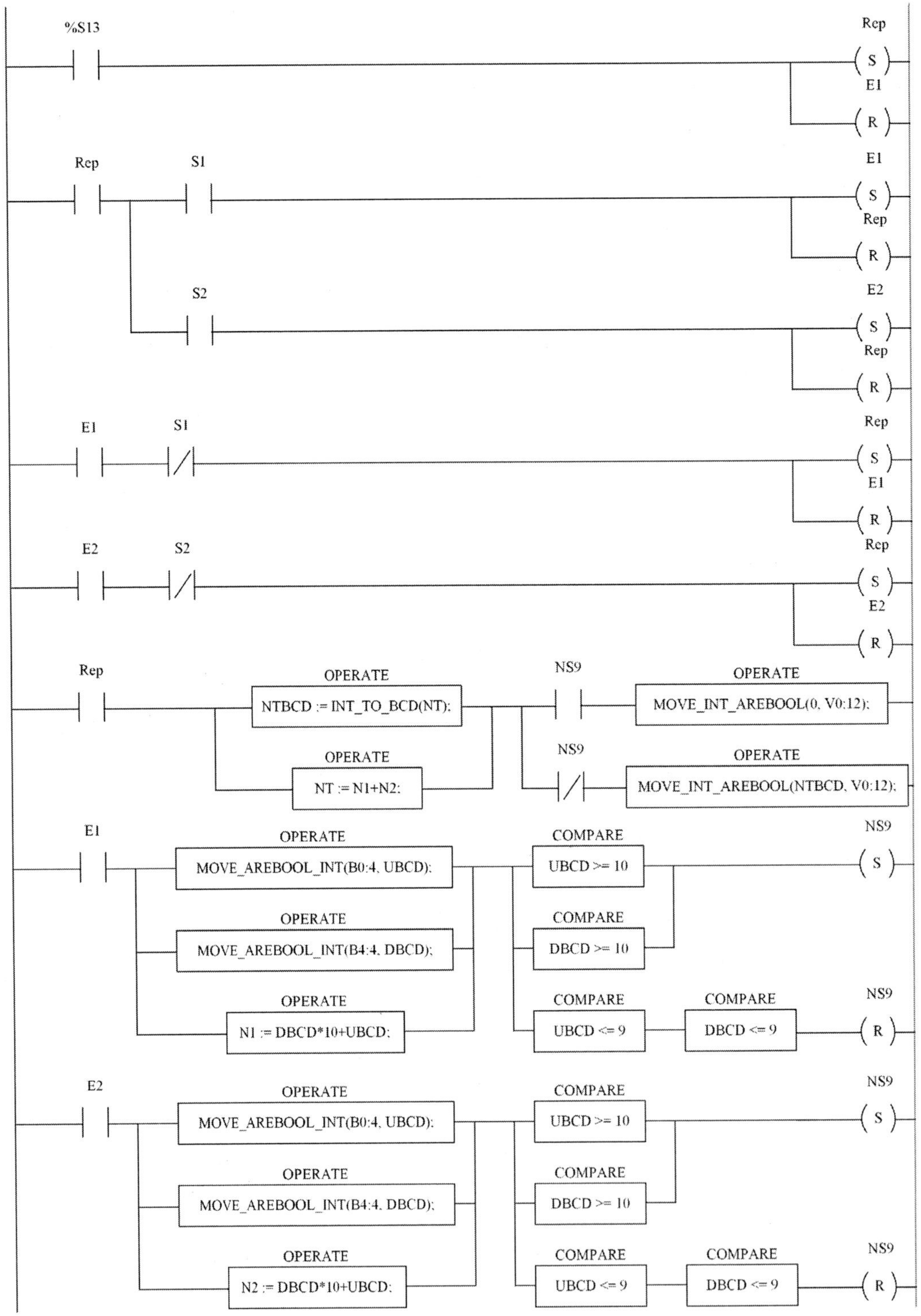

```
       %S13                                                              Rep
      ──┤├────────────────────────────────────────────────────────────( S )──
                                                                         E1
                                                                        ( R )──

       Rep         S1                                                    E1
      ──┤├─────────┤├─────────────────────────────────────────────────( S )──
                                                                         Rep
                                                                        ( R )──

                   S2                                                    E2
                  ──┤├────────────────────────────────────────────────( S )──
                                                                         Rep
                                                                        ( R )──

       E1          S1                                                    Rep
      ──┤├─────────┤/├────────────────────────────────────────────────( S )──
                                                                         E1
                                                                        ( R )──

       E2          S2                                                    Rep
      ──┤├─────────┤/├────────────────────────────────────────────────( S )──
                                                                         E2
                                                                        ( R )──
```

```
       Rep              OPERATE                NS9            OPERATE
      ──┤├──────┌───────────────────────┐───────┤├────┌───────────────────────────┐──
               │ NTBCD := INT_TO_BCD(NT);│            │ MOVE_INT_AREBOOL(0, V0:12); │
               └───────────────────────┘             └───────────────────────────┘
                        OPERATE                NS9            OPERATE
               ┌───────────────────────┐───────┤/├────┌──────────────────────────────┐──
               │      NT := N1+N2;       │            │ MOVE_INT_AREBOOL(NTBCD, V0:12); │
               └───────────────────────┘             └──────────────────────────────┘
```

```
       E1              OPERATE                     COMPARE              NS9
      ──┤├──────┌──────────────────────────┐───┌──────────────┐────────( S )──
               │ MOVE_AREBOOL_INT(B0:4, UBCD);│  │  UBCD >= 10  │
               └──────────────────────────┘   └──────────────┘
                       OPERATE                     COMPARE
               ┌──────────────────────────┐   ┌──────────────┐
               │ MOVE_AREBOOL_INT(B4:4, DBCD);│  │  DBCD >= 10  │
               └──────────────────────────┘   └──────────────┘
                       OPERATE                     COMPARE          COMPARE         NS9
               ┌──────────────────────────┐   ┌──────────────┐ ┌──────────────┐    ( R )──
               │   N1 := DBCD*10+UBCD;     │   │  UBCD <= 9   │ │  DBCD <= 9   │
               └──────────────────────────┘   └──────────────┘ └──────────────┘
```

```
       E2              OPERATE                     COMPARE              NS9
      ──┤├──────┌──────────────────────────┐───┌──────────────┐────────( S )──
               │ MOVE_AREBOOL_INT(B0:4, UBCD);│  │  UBCD >= 10  │
               └──────────────────────────┘   └──────────────┘
                       OPERATE                     COMPARE
               ┌──────────────────────────┐   ┌──────────────┐
               │ MOVE_AREBOOL_INT(B4:4, DBCD);│  │  DBCD >= 10  │
               └──────────────────────────┘   └──────────────┘
                       OPERATE                     COMPARE          COMPARE         NS9
               ┌──────────────────────────┐   ┌──────────────┐ ┌──────────────┐    ( R )──
               │   N2 := DBCD*10+UBCD;     │   │  UBCD <= 9   │ │  DBCD <= 9   │
               └──────────────────────────┘   └──────────────┘ └──────────────┘
```

Problema 3.16

Se desea realizar el control diario de producción de piezas en la línea de fabricación. Cada vez que se realiza una pieza se activará la entrada DC, que incrementará un contador de módulo 9999 que realizará el control de producción. Dicho contador se reseteará cada vez que se llegue al valor final o bien el operario pulse SR.

El estado del contador se almacenará cada quince minutos durante las 16 horas que dura el proceso de producción diario, desde que se pulsa inicio de producción (S1) y termina con la señal de final de producción (S2), en los registros (de R0 hasta R63), de tal manera que en R0 habrá adquirido el primer valor y en R63 el último valor adquirido.

Para completar la solución de este automatismo se pide:

a) Listado de variables del ciclo
b) Diagrama de secuencia
c) Resolución programada en Ladder

Resolución

a) Se enumera las entradas y salida de sistema

Entradas: pulsador de inicio de producción (S1, EBOOL), pulsador de final de producción (S2, EBOOL), pulsador de reseteo del contador (SR, EBOOL).

Salidas: no hay salidas explícitas, ya que los registros forman parte de la memoria del PLC.

Para que el proceso sea más sencillo de realizar, se necesitará guardar espacio en memoria para guardar la etapa en la que se encuentra el PLC. Para ello, se crea lo siguiente: Reposo (Rep), Etapa 1 (E1), Etapa 2 (E2).

En este ciclo, se guarda el número de piezas que se fabrican, por lo que se deberá crear una variable tipo INT que guarde este dato. Se llamará Contador y será INT.

También pide que se guarde cada 15 minutos, por lo que se necesitará una variable que indique que el tiempo ya ha acabado. Será una variable booleana y su nombre es T15m.

Finalmente, para poder almacenar estos datos en los registros, necesitaremos un vector (array) que nos permita almacenar todos los datos. Este array se nombrará como Registros, con una longitud de 64 números. Para poder acceder al registro al que se desea almacenar, se creará otra variable llamada Posición, la cual irá aumentando a medida que pase el tiempo.

b) Diagrama de secuencia

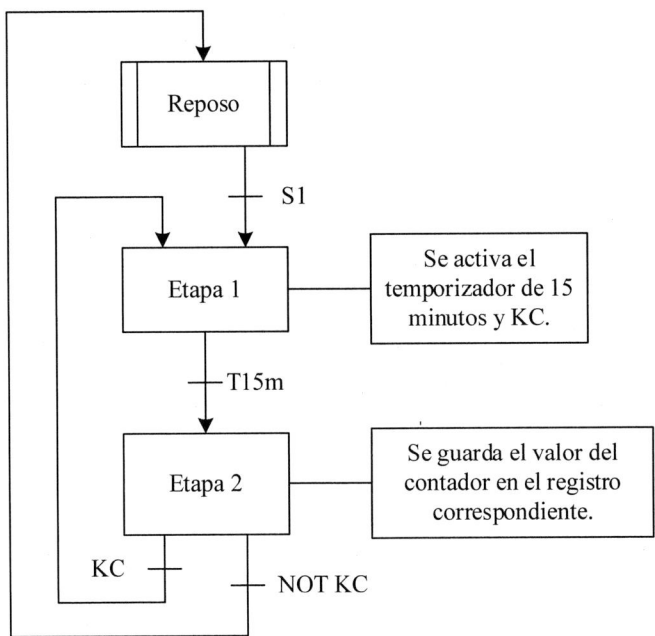

Aunque no aparezca en el diagrama, hay un proceso continuo en el cual se va incrementando el valor del contador. Al ser una operación sin condiciones previas, no se puede introducir en el diagrama.

c) Solución programada

Se empieza usando la instrucción %S13 para indicar al PLC que inicie el ciclo en la etapa de reposo. También se inicia declarando que el valor de la Posición es -1. Esto es así, ya que antes de llegar al registro, se aumenta el valor de esta variable. Se debe tener en cuenta que las sentencias para pasar de la E2 a Rep o E1, se deben poner después del guardado de datos, ya que sino no guarda los datos debido a que se resetea el contacto E2 e impide el almacenaje.

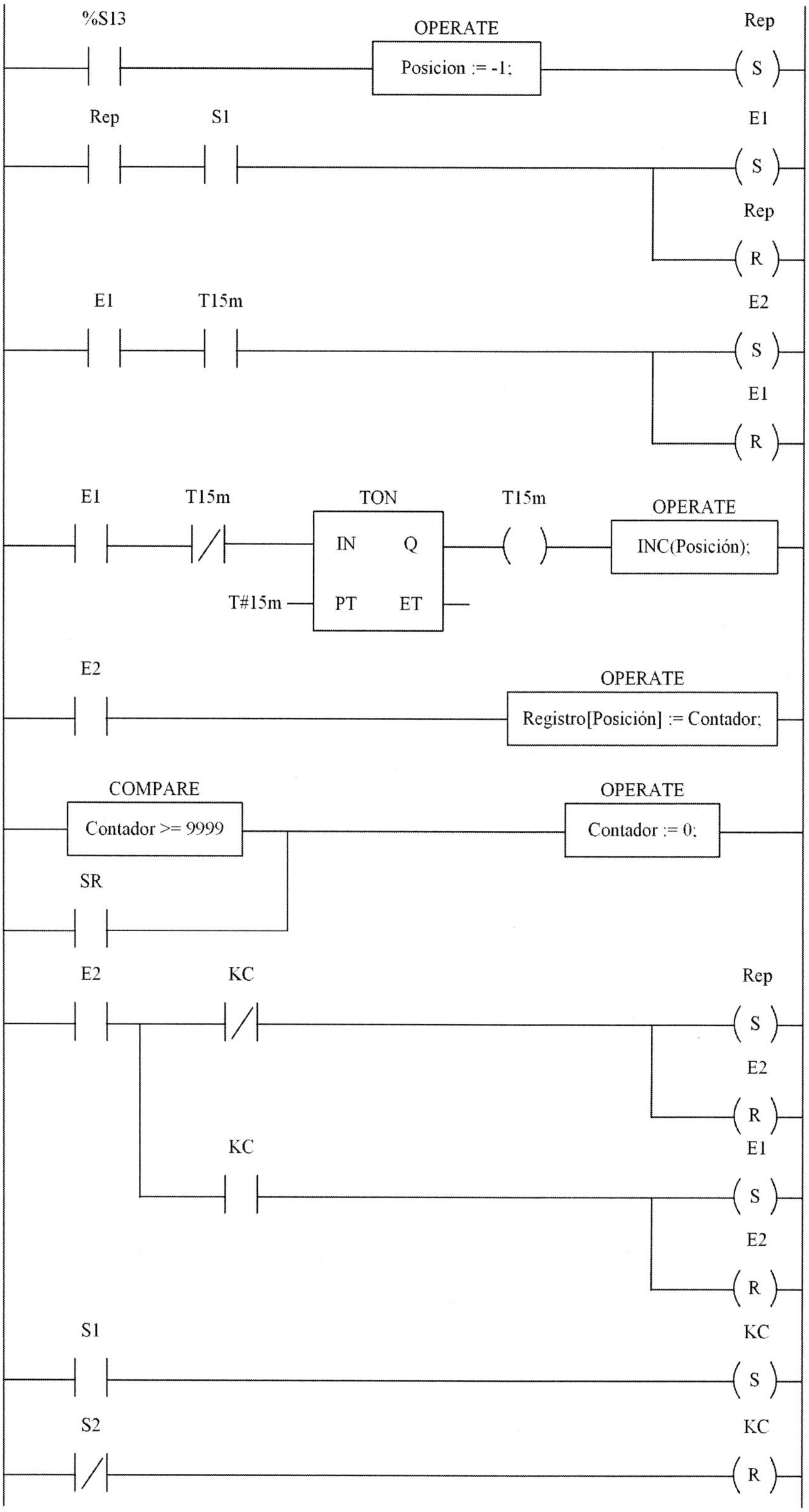

```
  %S13                        OPERATE                          Rep
───┤├──────────────────┌──────────────────┐──────────────────( S )──
                        │  Posicion := -1; │
                        └──────────────────┘

   Rep        S1                                               E1
───┤├────────┤├──────────────────────────────────────────────( S )──
                                                              Rep
                                                             ( R )──

   E1        T15m                                              E2
───┤├────────┤├──────────────────────────────────────────────( S )──
                                                              E1
                                                             ( R )──

   E1        T15m          TON         T15m          OPERATE
───┤├────────┤/├────┌───────────┐─────( )────┌──────────────────┐──
                    │ IN      Q │            │  INC(Posición);  │
                    │           │            └──────────────────┘
           T#15m────┤ PT     ET ├───

   E2                                          OPERATE
───┤├──────────────────────────────────┌───────────────────────────┐──
                                        │ Registro[Posición] := Contador; │
                                        └───────────────────────────┘

        COMPARE                             OPERATE
   ┌───────────────────┐              ┌───────────────────┐
───│ Contador >= 9999   ├──────┐──────│  Contador := 0;   ├──────────
   └───────────────────┘       │      └───────────────────┘
   SR                          │
───┤├────────────────────────────┘

   E2         KC                                               Rep
───┤├──┬─────┤/├──────────────────────────────────────────────( S )──
       │                                                      E2
       │                                                     ( R )──
       │     KC                                               E1
       └─────┤├──────────────────────────────────────────────( S )──
                                                              E2
                                                             ( R )──
   S1                                                         KC
───┤├─────────────────────────────────────────────────────────( S )──
   S2                                                         KC
───┤/├─────────────────────────────────────────────────────────( R )──
```

123

Diseño de automatismos
programados sobre procesos
continuos mediante diagrama de
contactos y texto estructurado

Problema 4.1

Realizar un programa de autómata que permita analizar la evolución de una entrada de tensión analógica variable entre 0 y 10 voltios, adquirida en un módulo de tensión con un rango de 0 a 10V. El automatismo se planteará de dos modos diferentes.

1. Activar las salidas que se indican, según el criterio:

   - SD1 si la entrada EA1 es ≥ 1V.
   - SD2 si la entrada EA1 es ≥ 3V.
   - SD3 si la entrada EA1 es ≥ 5V.
   - SD4 si la entrada EA1 es ≥ 7V.
   - SD5 si la entrada EA1 es ≥ 9V
   - SD6 si la entrada EA1 es =10V.

2. Proporcionar una salida analógica de tensión de las mismas características al módulo de entrada SA1:

   - Igual al doble de la entrada si esta es < 3V.
   - Igual a la entrada si esta se encuentra entre 3V y 6V.
   - Igual a la mitad de la entrada si esta es > 6V.

Para completar la solución de este automatismo se pide:

   a) Listado de variables del sistema
   b) Tablas de equivalencia entre variables físicas y eléctricas del PLC
   c) Resolución programada

Resolución

a) Se numeran las entradas y salidas del sistema

Entrada: entrada analógica EA1 (INT).

Salida: salidas digitales de SD1 a SD6 (EBOOL), salida analógica SA1 (INT).

Al tratarse de variables analógicas, se usarán bloques COMPARE y OPERATE, los cuales funcionan con variables tipo INT o REAL.

Se crearán diferentes variables para poder tratar el problema más fácilmente. En concreto, se crearán 4 variables, 2 de tipo INT y 2 de tipo REAL.

– EntradaV: INT, servirá para obtener el valor de la magnitud física en la entrada analógica.

– EntradaVR: REAL, se usará para obtener el valor de la magnitud física de la entrada analógica, para más adelante poder realizar las comparaciones necesarias correctamente.

– AuxI: INT, servirá para dar valor a la salida analógica a partir de la EntradaVR.

– AuxR: REAL, se usará para acabar de hacer la conversión y otorgar el valor a EntradaVR.

b) Tablas de equivalencia

	Entrada del canal	Voltaje medido	EA1
Mínimo	0V	0V	0
Máximo	10V	10V	10000

$$\frac{Ent.\,Analógica - OFFset\,Ent.}{Registro_{max} - Registro_{min}} = \frac{Var.Física - OffsetVar.}{Var.Física_{max} - Var.Física_{min}}$$

$$\frac{EA1 - 0}{10000 - 0} = \frac{Var.Física - 0}{10 - 0} \rightarrow Var.Física = \frac{EA1}{1000}$$

Analizando lo obtenido, se observa que para obtener en el PLC el valor real de la magnitud física en la entrada, el registro de esta se debe dividir entre 1000.

c) Solución programada

En este problema no hay ciclo de trabajo, ya que todo se realiza constantemente, aunque se le podría añadir un pulsador de marcha y otro de paro para conseguir una especie de ciclo.

Como el ejercicio consta de 2 partes, se deben tratar por separado.

Simplemente, se obtiene el valor de la entrada analógica y se trata debidamente para poder trabajar con él. Ocurre lo mismo en la segunda parte, aunque esta vez se debe realizar usando variables de tipo REAL para hacer la comparación, ya que si no habrá valores para los cuales no esté definida la salida.

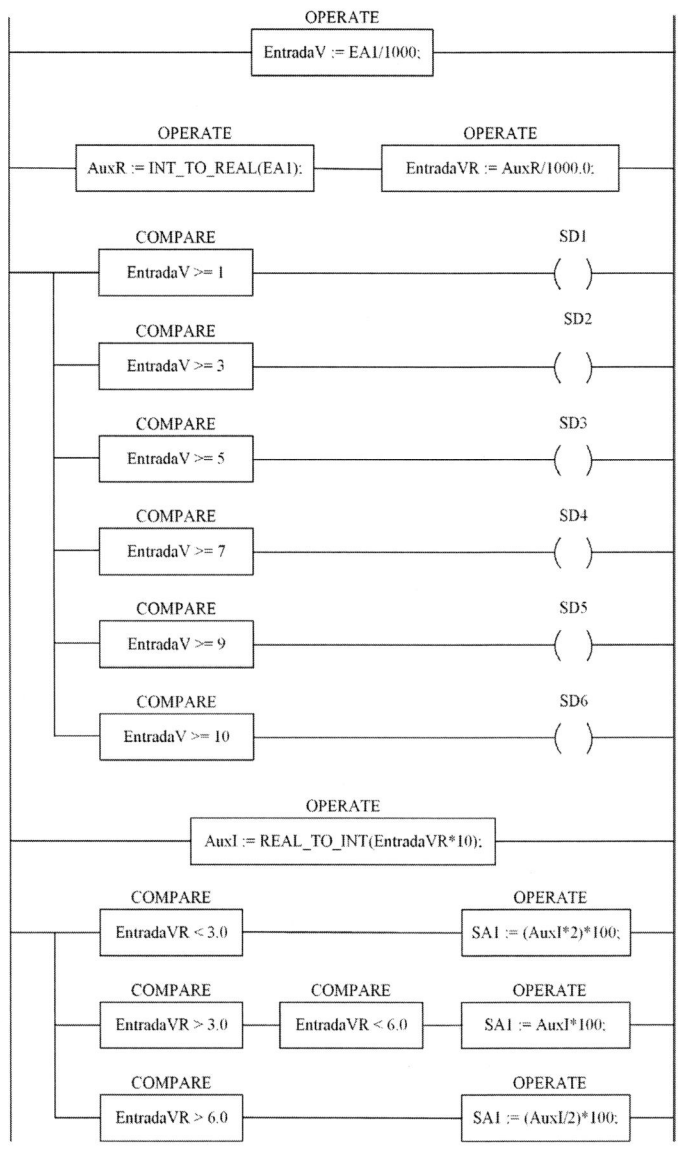

Problema 4.2

Se debe medir la presión del aire de una línea neumática, controlada por un regulador de presión, utilizando las I/O analógicas del autómata y un transductor de presión cuyo rango de medida es de 0 a 16 bares, y la intensidad de salida es de 4 a 20 mA respectivamente.

La lectura de la medición se realizará por un visualizador (display), conectado a las salidas del autómata en BCD, en unidades de presión (bar). La lectura debe ser cero para presión nula.

Para completar la solución de este automatismo se pide:

a) Variables del sistema

b) Tablas de equivalencia

c) Resolución programada

Resolución

a) Se numeran las entradas y salidas del sistema

Entradas: entrada analógica (EA, INT).

Salida: display BCD (V7-V0, EBOOL).

Al tratarse de un problema con I/O analógicas, se deberá tratar con variables numéricas que permitan controlar más fácilmente las variables físicas. Para ello, se deberán crear diferentes variables para poder almacenar los datos necesarios.

El PLC devuelve un valor entre un cierto rango (para este problema este rango será de 0-10000), dependiendo de la cantidad de intensidad que circule. Este número es de tipo INT y no es necesaria almacenarla, ya que se dispondrá siempre de esta variable consultando la entrada correspondiente del PLC.

De todas formas, es útil tener el mismo valor almacenado en una variable tipo REAL, ya que se podrá usar esta variable para cálculos en los que aparezcan decimales. Así, a la variable que guarda el valor de la entrada del PLC en tipo REAL se llamará RegistroR.

Finalmente, se debe tener la variable física representada en el PLC por su valor como tal. Para ello, se crea una variable llamada PresionI, de tipo INT, en la que se almacenará el valor real que detecta el transductor.

b) Tablas de equivalencia entre variables físicas y eléctricas del PLC:

	Entrada del canal	Presión medida	EA
Mínimo	4 mA	0 bar	0
Máximo	20 mA	16 bar	10000

$$\frac{Ent.\,Anal\acute{o}gica - OFFset\,Ent.}{Registro_{max} - Registro_{min}} = \frac{Var.\,F\acute{i}sica - Offset\,Var.}{Var.\,F\acute{i}sica_{max} - Var.\,F\acute{i}sica_{min}}$$

$$\frac{EA - 0}{10000 - 0} = \frac{Var.\,F\acute{i}sica - 0}{16 - 0} \rightarrow Var.\,F\acute{i}sica = \frac{EA \cdot 16}{10000}$$

A partir de la expresión anterior, se puede observar que para obtener el valor que detecta el transductor, se debe multiplicar por 0.0016.

c) Solución programada

En este ejercicio no hay ciclo de trabajo, ya que se basa en la lectura constante de una magnitud física para su representación numérica en un panel BCD.

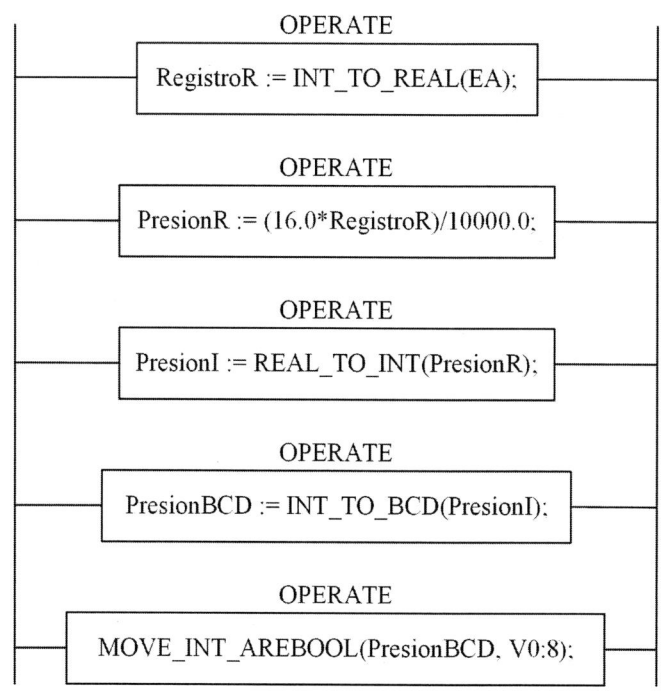

Problema 4.3

Se dispone de un transductor el cual da una corriente eléctrica de 4 mA a 20 mA para una variación de temperatura de 20°C a 100°C. La salida del transductor está conectada a una entrada analógica del PLC.

Visualizar la temperatura en un display 7 segmentos de dos dígitos en BCD.

Para completar la solución de este automatismo se pide:

a) Listado de variables
b) Tablas de equivalencia entre variables físicas y eléctricas en el PLC
c) Resolución programada

Resolución

a) Se numeran las entradas y salidas del sistema

Entradas: entrada analógica (EA, INT).
Salidas: display BCD (V7-V0, EBOOL).

De antemano se puede ver que se necesitaran variables numéricas, ya que se trata de un problema con entradas y salidas analógicas. Como el ejercicio anterior, el PLC devuelve un valor en un rango ajustado por el programador (en este caso 0-10000), dependiendo de la magnitud que esté midiendo. Es de tipo INT y no es necesario crear una variable exclusiva para este.

Siguiendo el procedimiento del problema anterior, se crea una variable tipo REAL para poder almacenar el valor de la entrada analógica, y de esta manera poder trabajar más cómodamente. De esta forma, se le dará el nombre de RegistroR.

Para acabar, se debe tener la magnitud física tratada en otra variable, para posteriormente ejecutar las acciones necesarias. Se crea una variable llamada TempI, de tipo INT, y se guardará en esta variable el valor real de la temperatura.

b) Tablas de equivalencia:

	Entrada del canal	Temperatura medida	EA
Mínimo	4 mA	20°C	0
Máximo	20 mA	100°C	10000

$$\frac{Ent.\,Analógica - OFFset\,Ent.}{Registro_{max} - Registro_{min}} = \frac{Var.Física - Offset\,Var.}{Var.Física_{max} - Var.Física_{min}}$$

$$\frac{EA - 0}{10000 - 0} = \frac{Var.Física - 20}{100 - 20} \rightarrow Var.Física = \frac{EA \cdot 80}{10000} + 20$$

Se puede observar que, para obtener la temperatura que está detectando el transductor, se debe multiplicar por 0.008 el registro de la entrada analógica, para posteriormente sumarle 20°C.

c) Solución programada

En este problema no hay ciclo de trabajo, ya que la función de este sistema es mostrar constantemente la temperatura de un sensor en un display en BCD.

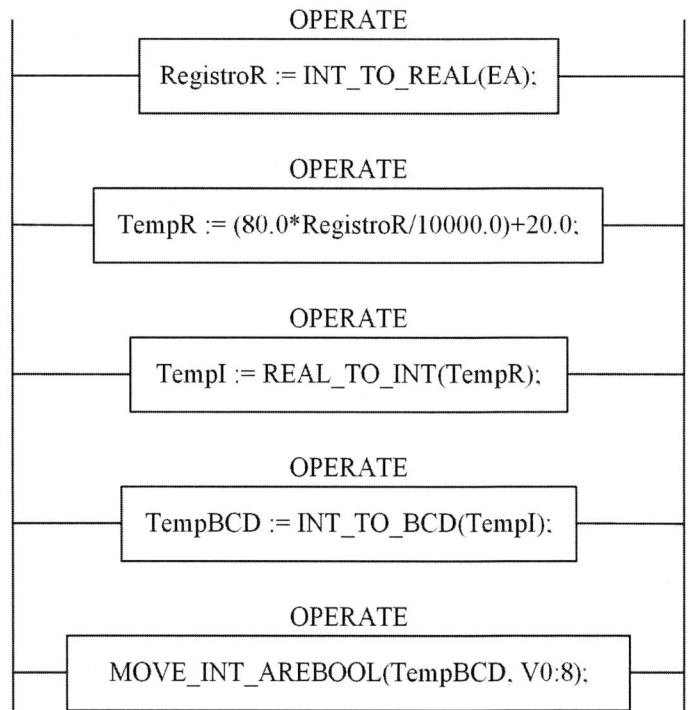

Problema 4.4

El proceso de la figura, formado por un depósito y una balanza, consta de los siguientes elementos de control:

– Pulsador de marcha
– Pulsador de paro
– Pulsador de rearme
– Dos compuertas gobernadas por cilindros de simple efecto
– Una balanza que proporciona una señal de 4 mA para un peso de 0 g y 20 mA para un peso de 0 a 10 Kg
– Un basculante para el vertido de sustancia

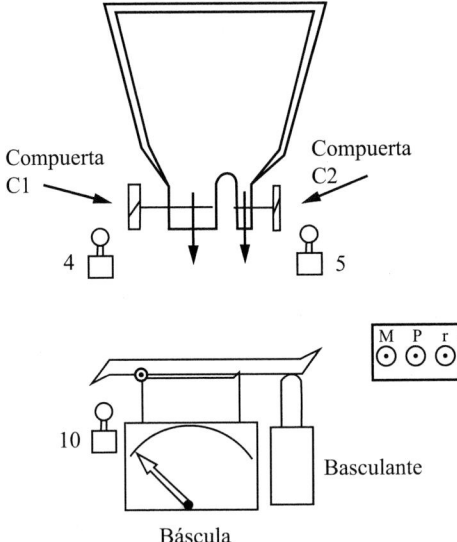

Diseñar el proceso para que realice el siguiente ciclo de trabajo:

– Al pulsar Marcha, se deberá provocar la apertura de las dos compuertas.

– Cuando la balanza indique un peso de 3,85 Kg, se deberá cerrar la compuerta C1 y dejar abierta C2 hasta que el peso sea de 4 Kg. En ese momento, se cerrará C2.

– Una vez cerradas las dos compuertas, activar el basculante para verter el contenido al exterior hasta detectar el final de carrera FC. Se mantiene en esta posición durante 3 segundos, y se vuelve a la posición de reposo hasta que nuevamente se pulse Marcha.

– Si se pulsa Paro en mitad del ciclo, se parará todo el sistema quedando este en reposo y al pulsar Rearme R se ha de reiniciar el ciclo donde se había quedado detenido hasta acabar este.

Para completar la solución de este automatismo se pide:

a) Listado de variables del sistema
b) Tablas de equivalencia entre las magnitudes físicas y eléctricas
c) Diagrama de secuencia y resolución programada mediante el método de E-T

Resolución

a) Se numeran las entradas y salidas del sistema

Entradas: pulsador de Marcha (S1, EBOOL), pulsador de Paro (S2, EBOOL), pulsador de Rearme (SR, EBOOL), entrada analógica (EA, INT), final de carrera (FC, EBOOL).

Salidas: compuerta 1 (C1, EBOOL), compuerta 2 (C2, EBOOL), basculante (B, EBOOL).

Al resolverse mediante E-T, se debe reservar espacio en memoria para poder diferenciar qué estado está activo. En este caso hay 4 etapas, por lo que se crean las siguientes variables: Reposo (Rep), Etapa 1 (E1), Etapa 2 (E2), Etapa 3 (E3).

El funcionamiento del programa depende de un temporizador, por lo que se debe crear una variable para cuando haya pasado el tiempo necesario. Se le llamará T3s.

Finalmente, el sistema se debe poder parar y volver a iniciar desde el punto en el que se detuvo con los pulsadores S2 y SR. Para ello, se crea una variable Detención (D), que impedirá al programa ejecutar cualquier acción.

b) Tablas de equivalencia

	Entrada del canal	Masa medida	EA
Mínimo	4 mA	0 g	0
Máximo	20 mA	10 kg	10000

$$\frac{Ent.\,Analógica - OFFset\,Ent.}{Registro_{max} - Registro_{min}} = \frac{Var.Física - Offset\,Var.}{Var.Física_{max} - Var.Física_{min}}$$

$$\frac{EA - 0}{10000 - 0} = \frac{Var.Física - 0}{10 - 0} \rightarrow Var.Física = \frac{EA}{1000}$$

Analizando el resultado anterior, se puede ver que, para obtener el valor real de la masa en el PLC, se debe dividir entre 1000 el registro que devuelve el PLC para la entrada analógica.

c) Diagrama de secuencia y solución programada

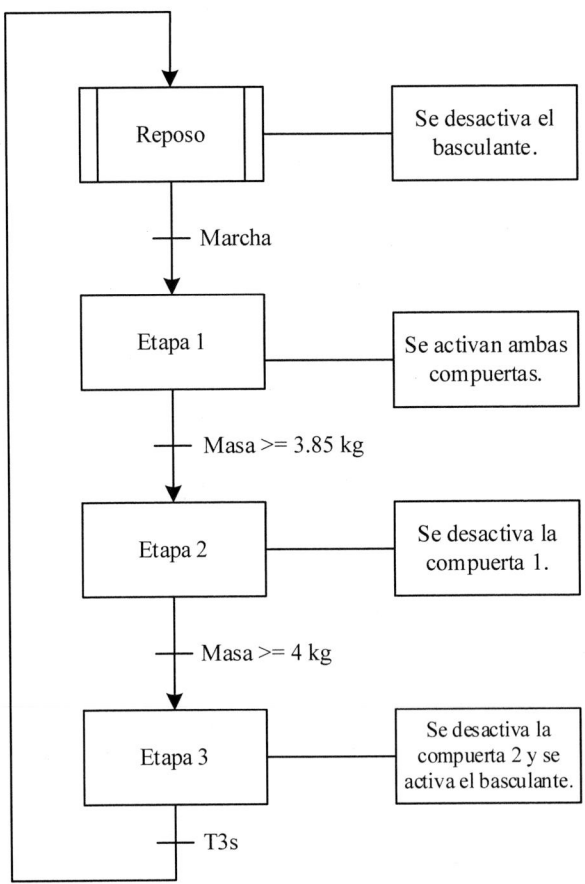

El programa se empieza con el comando %S13 para situar al PLC en el estado de reposo. Una vez situado, ya está listo para esperar a que se cumplan las transiciones necesarias.

Se debe tener en cuenta que la obtención de la masa de la báscula se ha de leer continuamente, y por lo tanto no depende de ninguna etapa.

Como el proceso debe detenerse totalmente cuando se pulsa Paro, todas aquellas salidas que estén activas, deben resetearse a cero.

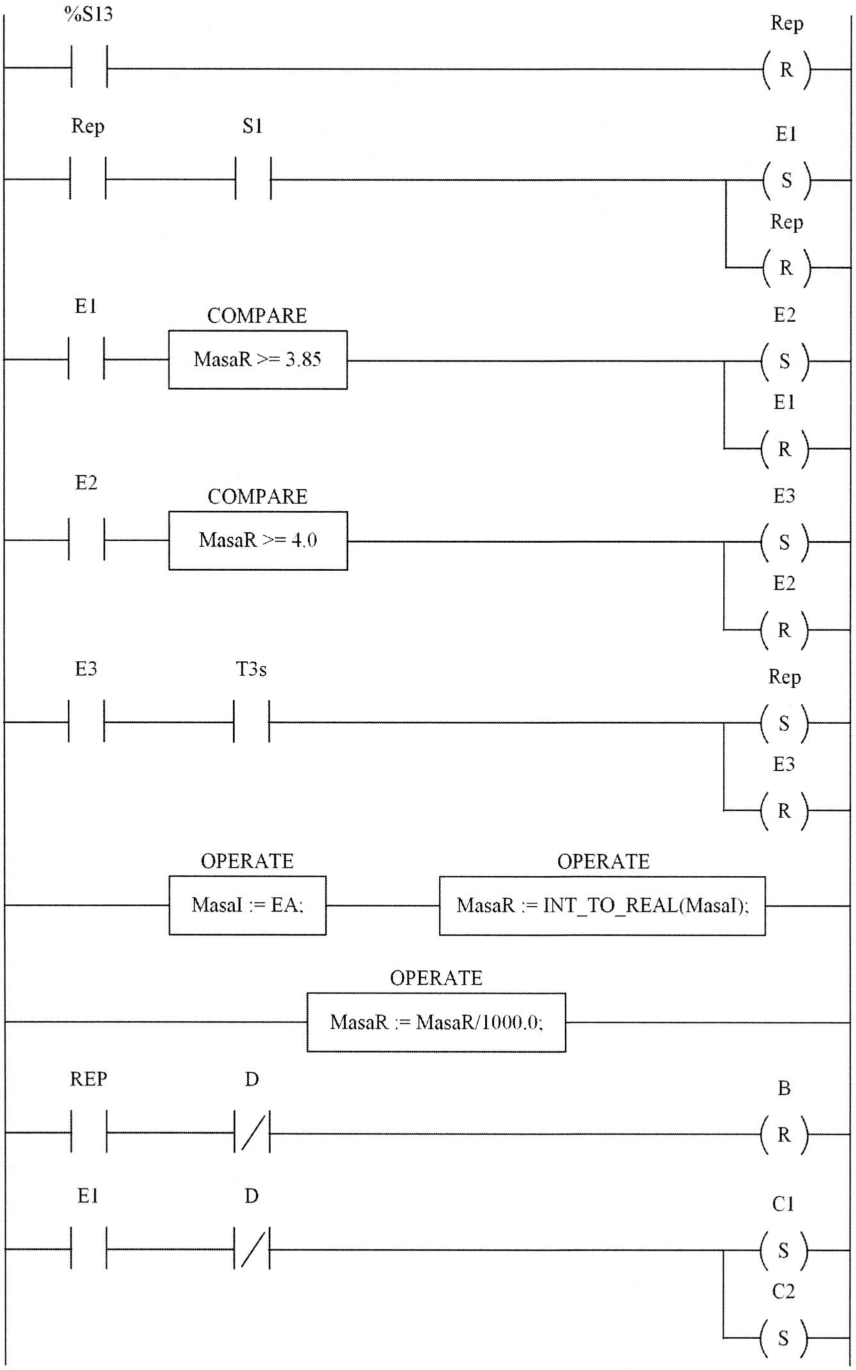

```
   %S13                                                        Rep
 ──┤ ├──────────────────────────────────────────────────────( R )──

   Rep          S1                                             E1
 ──┤ ├─────────┤ ├─────────────────────────────────────────( S )──
                                                             Rep
                                                            ─( R )──

   E1          COMPARE                                        E2
 ──┤ ├────┌──────────────────┐──────────────────────────────( S )──
          │  MasaR >= 3.85    │                               E1
          └──────────────────┘                              ─( R )──

   E2          COMPARE                                        E3
 ──┤ ├────┌──────────────────┐──────────────────────────────( S )──
          │  MasaR >= 4.0     │                               E2
          └──────────────────┘                              ─( R )──

   E3          T3s                                            Rep
 ──┤ ├─────────┤ ├─────────────────────────────────────────( S )──
                                                             E3
                                                            ─( R )──

           OPERATE                        OPERATE
    ┌──────────────────┐     ┌──────────────────────────────────┐
 ───│  MasaI := EA;     │─────│  MasaR := INT_TO_REAL(MasaI);    │──
    └──────────────────┘     └──────────────────────────────────┘

                         OPERATE
          ┌──────────────────────────────┐
 ─────────│  MasaR := MasaR/1000.0;       │─────────────────────
          └──────────────────────────────┘

   REP          D                                             B
 ──┤ ├─────────┤/├─────────────────────────────────────────( R )──

   E1           D                                             C1
 ──┤ ├─────────┤/├─────────────────────────────────────────( S )──
                                                             C2
                                                            ─( S )──
```

Problema 4.5

Se desea controlar el proceso de llenado de los depósitos expuestos en la siguiente figura:

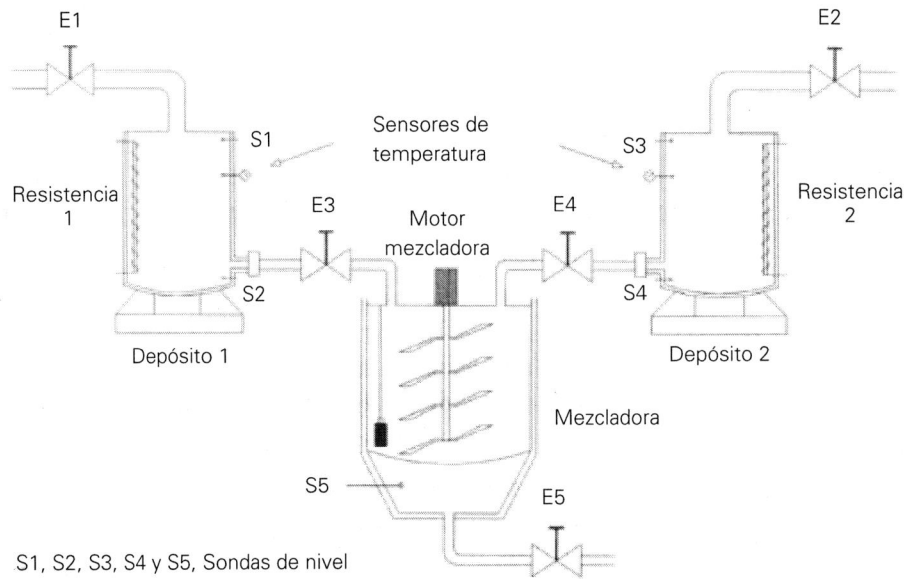

S1, S2, S3, S4 y S5, Sondas de nivel

El ciclo de trabajo consiste en:

– Al pulsar marcha, se abrirán las electroválvulas de doble efecto E1 y E2.

– Al detectarse el llenado de los depósitos (S1 y S3) se cerrarán E1 y E2.

– Una vez cerradas E1 y E2, se conectarán las resistencias calefactoras con el fin de elevar la temperatura de los depósitos. La temperatura es detectada por dos sondas de temperatura que proporcionan 1 V para 0ºC y 5 V para 100ºC conectadas a un módulo de entradas analógico entre 0 V y 10 V.

– Mantener las resistencias calefactoras conectadas para que el depósito 1 alcance una temperatura entre 40 y 50 grados, y el depósito 2 entre 70 y 80 grados.

– Una vez los depósitos han alcanzado una temperatura comprendida entre los márgenes anteriores, desconectar las resistencias calefactoras y verter los líquidos a la mezcladora abriendo las electroválvulas de doble efecto de salida (E3 y E4).

– Una vez vaciados los depósitos (S2 y S4), se debe cerrar E3 y E4. Conectar el motor de la mezcladora durante cinco segundos, al cabo de los cuales, se desconectará el motor y el contenido será vaciado al exterior abriendo la electroválvula de doble efecto E5.

– Al vaciarse la mezcladora (S5), estará en condiciones de iniciarse un nuevo ciclo al pulsar marcha.

Para completar la solución de este automatismo se pide:

a) Listado de variables del ciclo
b) Tablas de equivalencia entre variables físicas y eléctricas
c) Diagrama de secuencia
d) Resolución en GRAFCET

Resolución

a) Se numeran las entradas y salidas del sistema

Entradas: pulsador de Marcha (M, EBOOL), sensor depósito 1 lleno (S1, EBOOL), sensor depósito 1 vacío (S2, EBOOL), sensor depósito 2 lleno (S3, EBOOL), sensor depósito 2 vacío (S4, EBOOL), sensor mezcladora vacía (S5, EBOOL), entradas analógicas (EA1 [temperatura depósito 1] y EA2 [temperatura depósito 2]), INT ambas).

Salidas: electroválvulas (E1, E2, E3, E4, E5, EBOOL todas ellas), resistencias calefactoras (R1 y R2, EBOOL ambas), motor mezcladora (MM, EBOOL).

Al tratarse de un programa de entradas y salidas analógicas, se deben crear variables para poder almacenar el registro que se recibe de estos. Para ello, se crearán 4 variables, Temp1I, Temp1R, Temp2I, Temp2R. Como su propio nombre indica, cada una de ellas almacena la temperatura del depósito correspondiente, y la letra final indica del tipo de variable, una "I" indica tipo INT y una "R" indica tipo REAL.

b) Tablas de equivalencia:

	Salida sensor	Entrada módulo	Temperatura medida	EA[n]
Mínimo	1 V	0 V	0°C	0
Máximo	5 V	10 V	100°C	10000

$$\frac{Ent.\,Analógica - OFFset\,Ent.}{Registro_{max} - Registro_{min}} = \frac{Var.Física - Offset\,Var.}{Var.Física_{max} - Var.Física_{min}}$$

$$\frac{EA[n] - 1000}{5000 - 1000} = \frac{Var.Física - 0}{100 - 0} \rightarrow Var.Física = \frac{EA[n] - 1000}{40}$$

A partir del cálculo anterior, se puede ver que, para obtener el valor real que está midiendo el sensor de temperatura, se debe restar 1000 al registro que llega al PLC y, posteriormente, dividirlo entre 40. Nótese que, a pesar de tener un rango mayor de registro en el PLC, no se usa y nunca se llegará hasta estos registros, ya que el sensor de temperatura dará como mucho una señal de 5 V que equivaldría a 5000 puntos en el registro.

c) Diagrama de secuencia

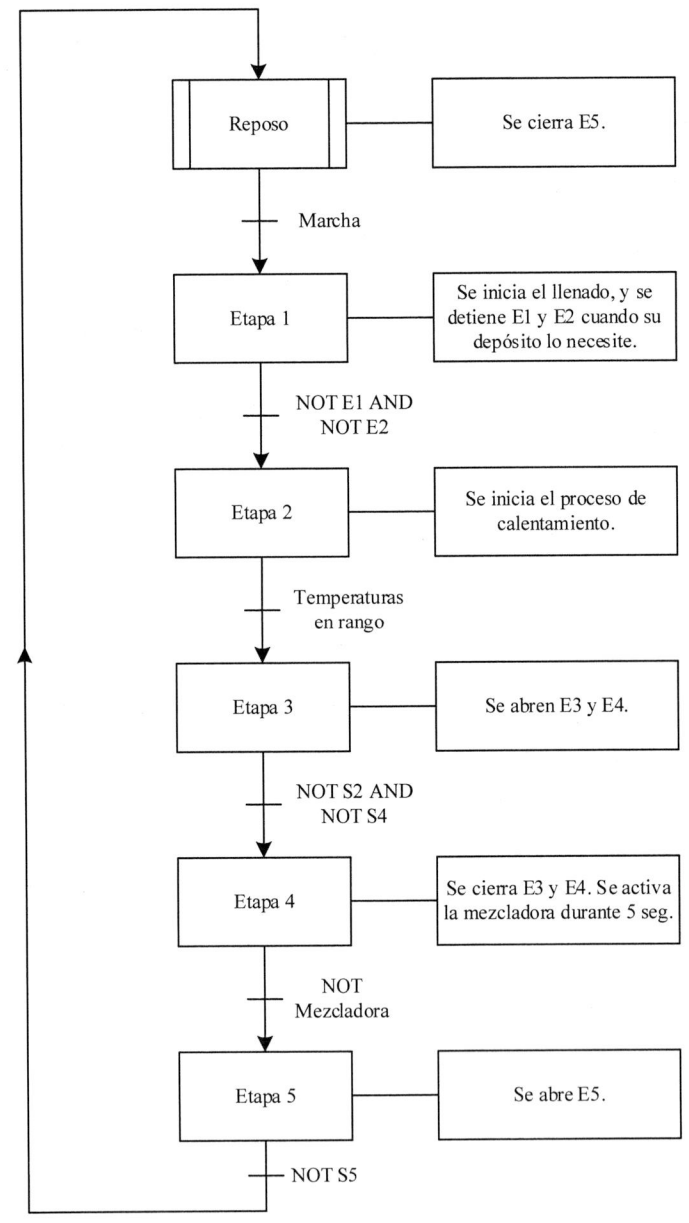

d) Solución programada

Para este apartado simplemente se debe aplicar el diagrama de secuencia, teniendo en cuenta que, aquellas transiciones donde haya más de una variable, se requerirá hacer una sección para cumplir con la norma de GRAFCET.

Lo mismo sucede en las etapas 1 y 2, donde se realizan acciones algo más complejas y precisan de una sección en Ladder para poder ser tratadas con mayor precisión.

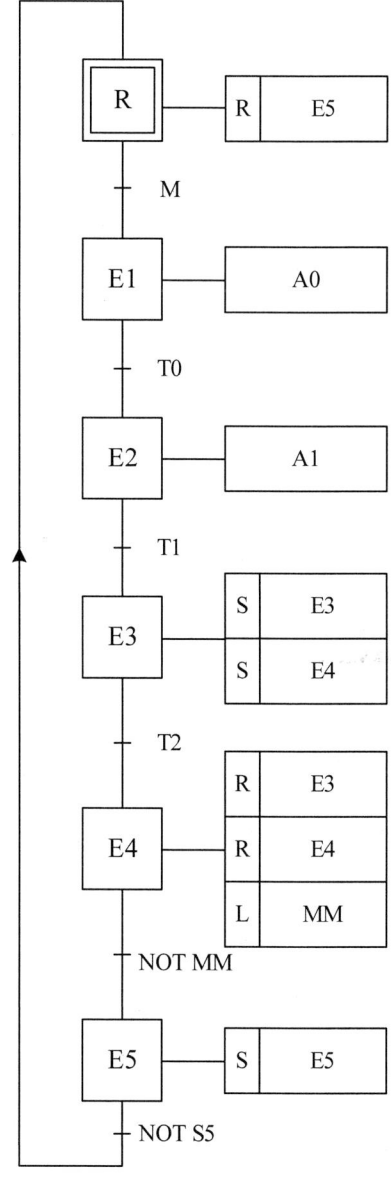

Las acciones para este programa son:

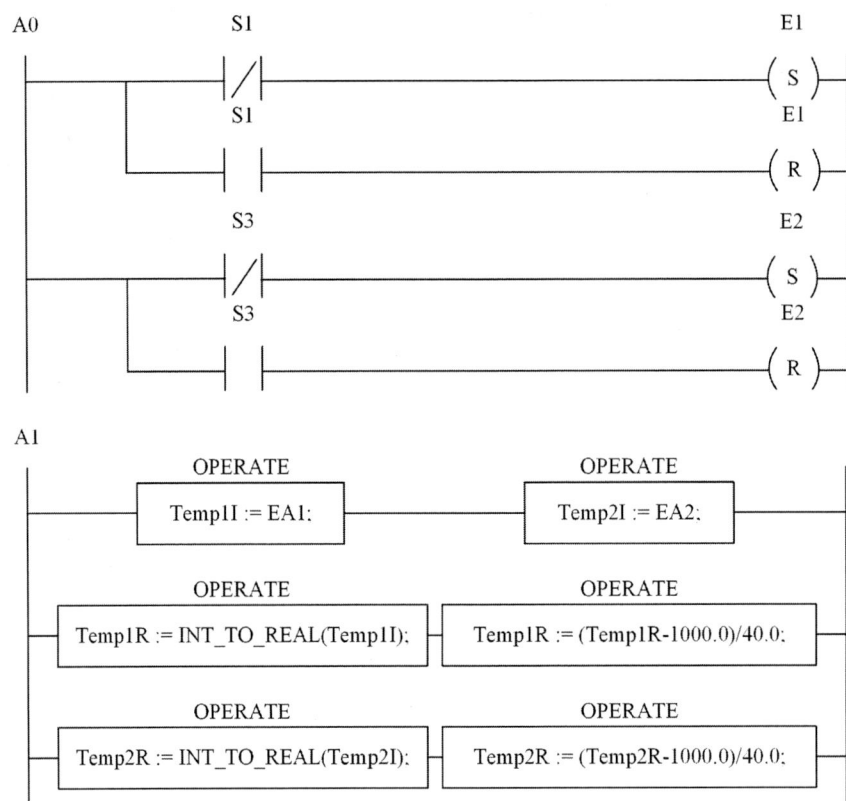

Y las transiciones:

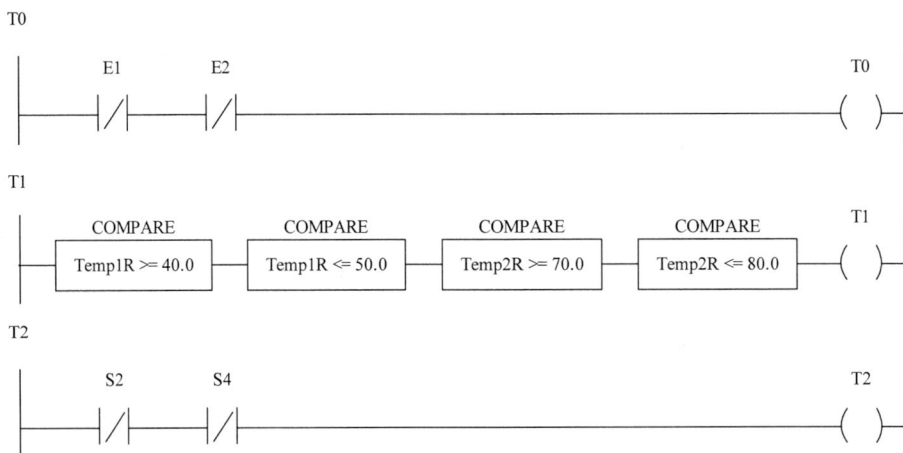

Problema 4.6

Realizar un programa que genere una señal de salida de tensión analógica (módulo de tensión 0V a 10V), variable de 0 a 5 voltios con forma trapezoidal como el de la figura, de manera que al pulsar Marcha, se tarde 10 segundos en alcanzar el valor de 5 voltios, permaneciendo la salida analógica estable en este valor hasta pulsar Paro, pasando dicha salida a 0 voltios.

Para completar la solución de este automatismo se pide:

- *a)* Listado de variables del sistema
- *b)* Diagrama de secuencia
- *c)* Solución programada

Resolución

a) Se numeran las entradas y salidas del sistema

Entradas: pulsador de Marcha (S1, EBOOL), pulsador de Paro (S2, EBOOL).
Salidas: salida analógica (SA1, INT).

b) Diagrama de secuencia

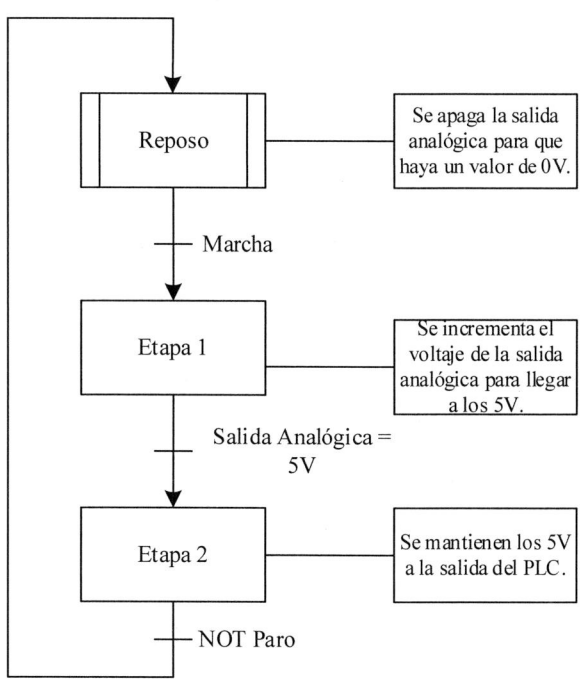

c) Solución programada

Para situar al PLC en el estado de reposo, se usa la instrucción %S13. Y una vez colocado, se espera a que se cumplan las transiciones.

Como deben pasar 10 segundos para que la entrada consiga los 5V, se crea una variable llamada T10s, que será la condición para pasar de etapa.

Se crea también un reloj (clock) de 100 ms, para poder ir incrementando el valor de la salida progresivamente. De esta manera se consigue simular la recta.

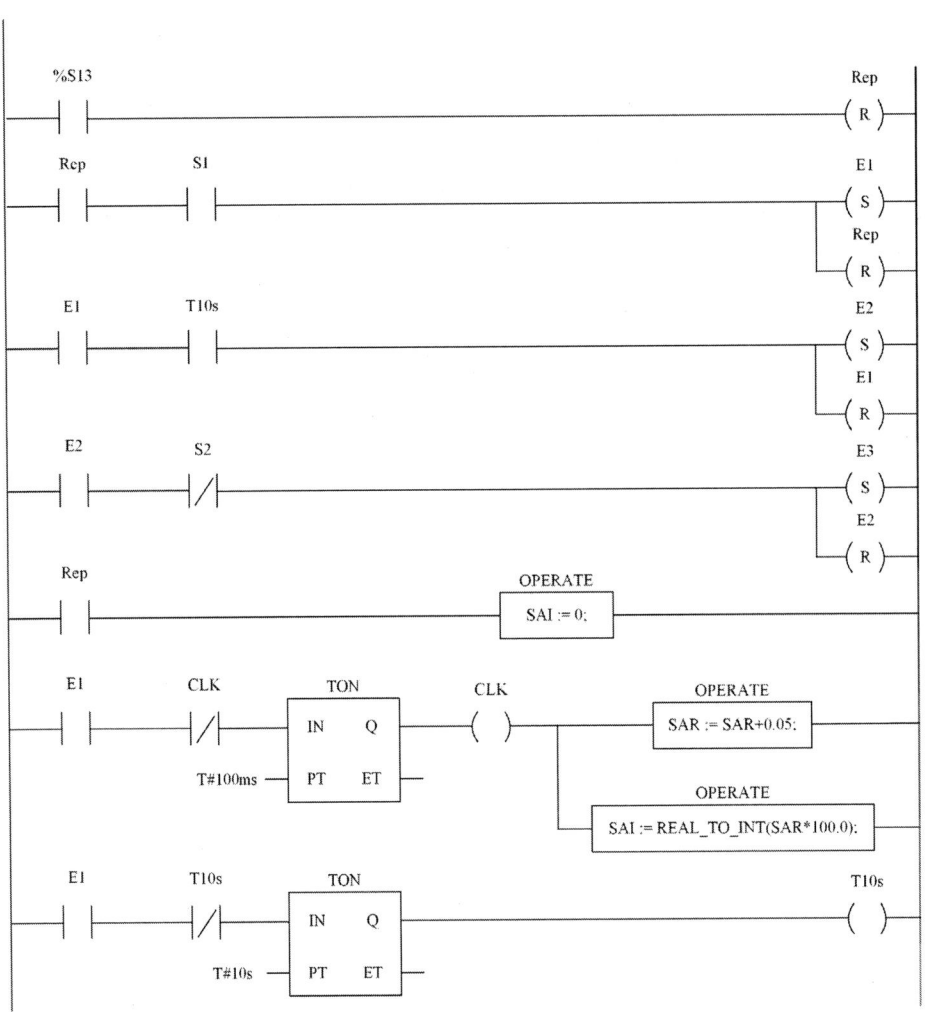

Problema 4.7

Realizar un programa que genere una señal en una salida analógica con evolución trapezoidal. El valor de la consigna Vc en voltios y el tiempo de subida Ta los ajustará manualmente el operador desde las entradas digitales.

– El valor de consigna será un valor entre 0 y 10 voltios (B3-B0). Si el valor en binario de las entradas excediese de 10, obtener en la salida el valor máximo (10V).

– El tiempo de subida y de bajada son iguales y ajustables de 0 a 15 segundos, mediante las entradas T3-T0.

– El inicio del ciclo lo determinará el pulsador de Marcha (S1) y el final lo determinará el pulsador de Paro (S2).

Para completar la solución de este automatismo se pide:

a) Listado de variables del sistema
b) Diagrama de secuencia
c) Resolución programada

Resolución

a) Se numeran las entradas y salidas del sistema

Entradas: pulsador de Marcha (S1, EBOOL), pulsador de Paro (S2, EBOOL), selector de consigna (B3-B0, EBOOL), selector de tiempo (T3-T0, EBOOL).
Salidas: salida analógica (SA, INT).

Se puede prever desde el enunciado que se necesitarán variables tipo TIME y tipo INT.

Una de tipo INT será llamada Ta, en la cual se guardará el tiempo que se quiere para llegar a la consigna. Se creará también una variable llamada Tat, esta vez de tipo TIME, y será la encargada de almacenar el periodo a partir del cual se actualiza el valor de la salida, ya sea mientras aumenta o disminuye.

Se necesita una variable que sea capaz de almacenar el valor de la consigna, para ello se crea una variable llamada Vc, y permitirá consultar el valor de consigna asignado por el operario.

Finalmente, al haber diferentes etapas, hay que reservar su espacio en memoria. En este caso su nombre se rige por la etapa donde están situadas: Reposo (Rep), Etapa 1 (E1), Etapa 2 (E2).

b) Diagrama de secuencia

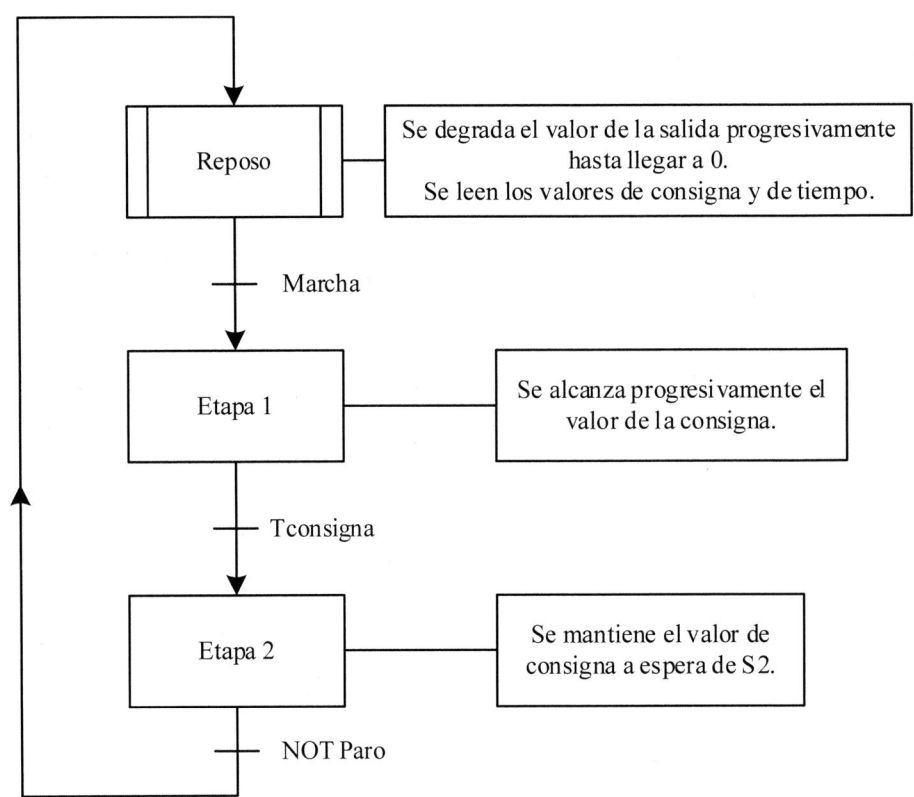

c) Solución programada

Se empieza con la instrucción %S13, que permite situar al PLC en el estado de reposo, esperando la primera condición de transición.

Se debe tener en cuenta que, para formar una recta, se debe ir actualizando el valor de la salida conforme avanza el tiempo. Para ello, se crean 2 relojes. Uno de ellos se usará para aumentar el valor de la salida analógica, y el otro se usará para lo contrario, es decir, para disminuir el valor de consigna a cero. Cabe destacar que, en el primer reloj, no habrá conflicto entre variables, pero en el segundo sí. Para ello, se crean 2 variables auxiliares, una para el valor de consigna, y otro para la variable de tiempo.

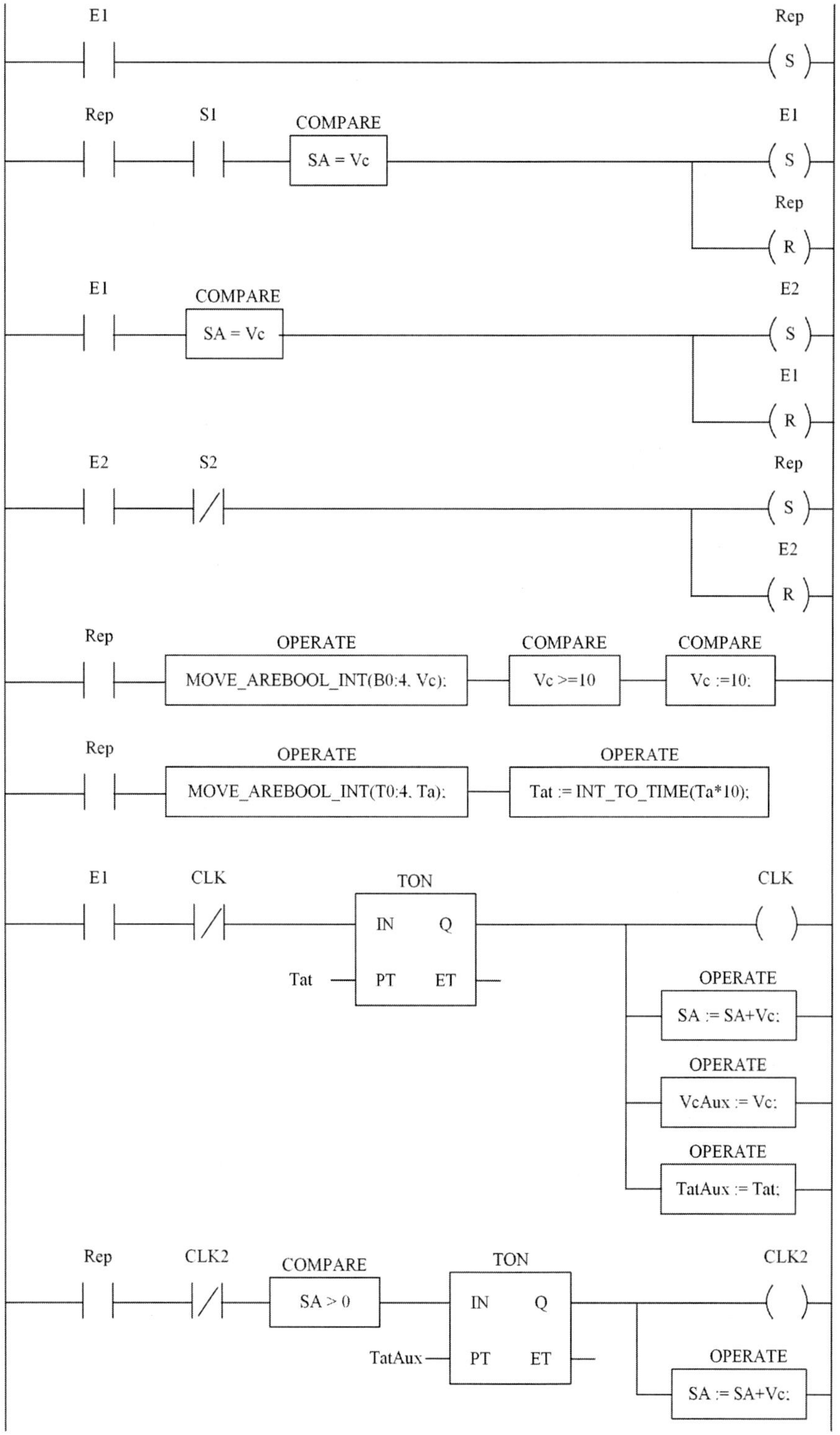

```
    E1                                                              Rep
  ──┤ ├──────────────────────────────────────────────────────────( S )──

    Rep      S1          COMPARE                                    E1
  ──┤ ├──────┤ ├────┌──────────────┐──────────────────────────────( S )──
                    │   SA = Vc    │                               Rep
                    └──────────────┘                              ─( R )──

    E1           COMPARE                                           E2
  ──┤ ├────┌──────────────┐──────────────────────────────────────( S )──
           │   SA = Vc    │                                        E1
           └──────────────┘                                       ─( R )──

    E2      S2                                                     Rep
  ──┤ ├─────┤/├─────────────────────────────────────────────────( S )──
                                                                   E2
                                                                  ─( R )──

    Rep              OPERATE                  COMPARE        COMPARE
  ──┤ ├────┌──────────────────────────┐──┌──────────┐──┌──────────┐──
           │ MOVE_AREBOOL_INT(B0:4. Vc);│ │ Vc >=10  │ │ Vc :=10; │
           └──────────────────────────┘  └──────────┘  └──────────┘

    Rep              OPERATE                      OPERATE
  ──┤ ├────┌──────────────────────────┐──┌──────────────────────────┐──
           │ MOVE_AREBOOL_INT(T0:4. Ta);│ │ Tat := INT_TO_TIME(Ta*10);│
           └──────────────────────────┘  └──────────────────────────┘

    E1     CLK            TON                                      CLK
  ──┤ ├────┤/├────┌─────────────┐────────────────────────────────( )──
                  │ IN       Q  │                               OPERATE
            Tat ──┤ PT      ET  ├──                         ┌─────────────┐
                  └─────────────┘                           │ SA := SA+Vc;│
                                                            └─────────────┘
                                                              OPERATE
                                                           ┌─────────────┐
                                                           │ VcAux := Vc;│
                                                           └─────────────┘
                                                              OPERATE
                                                           ┌─────────────┐
                                                           │ TatAux := Tat;│
                                                           └─────────────┘

    Rep    CLK2     COMPARE           TON                         CLK2
  ──┤ ├────┤/├───┌──────────┐──┌─────────────┐───────────────────( )──
                 │  SA > 0  │  │ IN       Q  │
                 └──────────┘  │             │
                     TatAux ───┤ PT      ET  ├──              OPERATE
                               └─────────────┘            ┌─────────────┐
                                                          │ SA := SA+Vc;│
                                                          └─────────────┘
```

Problema 4.8

Se dispone de un medidor de presión de 5 a 30 bares conectado a una entrada analógica EA, de 4 a 20 mA, relacionado por los siguientes valores:

	Entrada Canal	Presión medida	EA
Mínimo	4 mA	5 bares	0
Máximo	20 mA	30 bares	10000

De tal manera que se activarán cada una de las siguientes salidas digitales, en función de la presión del sistema:

– B1 si la presión es mayor o igual a 12 bares pero inferior a 14 bares.
– B2 si la presión es mayor o igual a 14 bares pero inferior a 18 bares.
– B3 si la presión es mayor o igual a 18 bares.

Para completar la solución de este automatismo se pide:

a) Listado de variables del sistema
b) Tablas con la relación entre las variables físicas y las variables eléctricas
c) Resolución programada

Resolución

a) Se numeran las entradas y salidas del sistema

Entradas: entrada analógica (EA, INT).
Salidas: bombas de presión (B1, B2, B3, EBOOL todas ellas).

Al tratarse de un problema con I/O analógicas, se debe tener en cuenta que el módulo del PLC devuelve un valor entero en función del potencial o corriente que haya en su entrada. Para poder tratar cómodamente las variables físicas, se crearán 2 variables en el PLC. Servirán para almacenar la presión medida. Una de estas variables será "PresionI", y almacenará el valor en puntos que otorga el módulo del PLC. La otra variable que se añade, es "PresionR", en la cual se realizan las operaciones matemáticas necesarias para que se pueda trabajar con las unidades que le correspondan, en este caso, bares.

b) Tablas de equivalencia:

$$\frac{Ent.\,Analógica - OFFset\,Ent.}{Registro_{max} - Registro_{min}} = \frac{Var.\,Física - Offset\,Var.}{Var.\,Física_{max} - Var.\,Física_{min}}$$

$$\frac{EA - 0}{10000 - 0} = \frac{Presión - 5}{30 - 5} \rightarrow Presión = \frac{EA}{400} + 5$$

c) Solución programada

No es necesario ni un ciclo de trabajo ni un diagrama de secuencia, ya que es un proceso continuo y con pocas posibilidades.

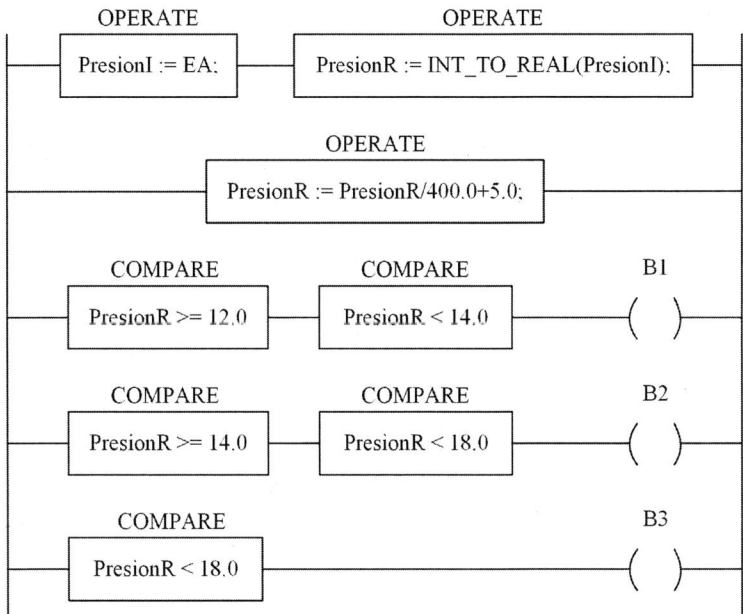

Problema 4.9

Un módulo de entradas analógico controla la temperatura de un proceso a través de un sensor conectado a la entrada analógica EA1 del PLC con las siguientes relaciones:

	Entrada Canal	Temperatura medida	EA1
Mínimo	4 mA	10 °C	0
Máximo	20 mA	30 °C	10000

El sistema dispone además de una consigna suministrada por el usuario mediante un potenciómetro conectado a la entrada EA2, con las siguientes relaciones:

	Entrada Canal	Temperatura medida	EA2
Mínimo	0 V	15 °C	0
Máximo	0 V	25 °C	10000

Diseñar el programa que permita poner en marcha mediante un pulsador S1 (NA) y parar mediante un pulsador S2 (NC) el sistema de calefacción conectado a la salida digital SC. Con el sistema de calefacción en marcha, esta se activará siempre que la temperatura sea menor a la consigna y se desactivará cuando supere en un 10% el valor de la consigna.

Para completar la solución de este automatismo se pide:

a) Listado de variables del sistema
b) Ecuaciones para la obtención del valor físico en el PLC
c) Diagrama de secuencia
d) Resolución programada

Resolución

a) Se numeran las entradas y salidas del sistema

Entradas: entradas analógicas (EA1 y EA2, INT ambas), pulsador de Marcha (S1, EBOOL), pulsador de Paro (S2, EBOOL).

Salidas: sistema de calefacción (SC, EBOOL).

Al tratar variables analógicas, lo más útil en estos casos es tener variables que almacenen el valor de los sensores, con su unidad correspondiente, ya que los sensores envían una corriente o voltaje, que el PLC interpreta. Para ello, se crearán 4 variables, 2 de tipo INT y otras 2 de tipo REAL, que serán las que guarden el valor de las magnitudes físicas, mientras que las de tipo INT almacenarán el valor de puntos de devuelve el PLC. Estas variables serán llamadas: ConsI (INT, puntos de consigna), ConsR (REAL, temperatura de consigna), TempI (INT, puntos de temperatura medida), TempR (REAL, temperatura medida en °C).

b) Ecuaciones:

$$\frac{Ent.\,Analógica - OFFset\,Ent.}{Registro_{max} - Registro_{min}} = \frac{Var.\,Física - Offset\,Var.}{Var.\,Física_{max} - Var.\,Física_{min}}$$

$$\frac{EA1 - 0}{10000 - 0} = \frac{Temp - 10}{30 - 10} \rightarrow Temp = \frac{EA1}{500} + 10$$

$$\frac{EA2 - 0}{10000 - 0} = \frac{Cons - 15}{25 - 15} \rightarrow Cons = \frac{EA2}{1000} + 15$$

A partir de estas expresiones, se puede ver qué operaciones se deben realizar en el PLC para obtener en °C las variables de temperatura.

c) Diagrama de secuencia

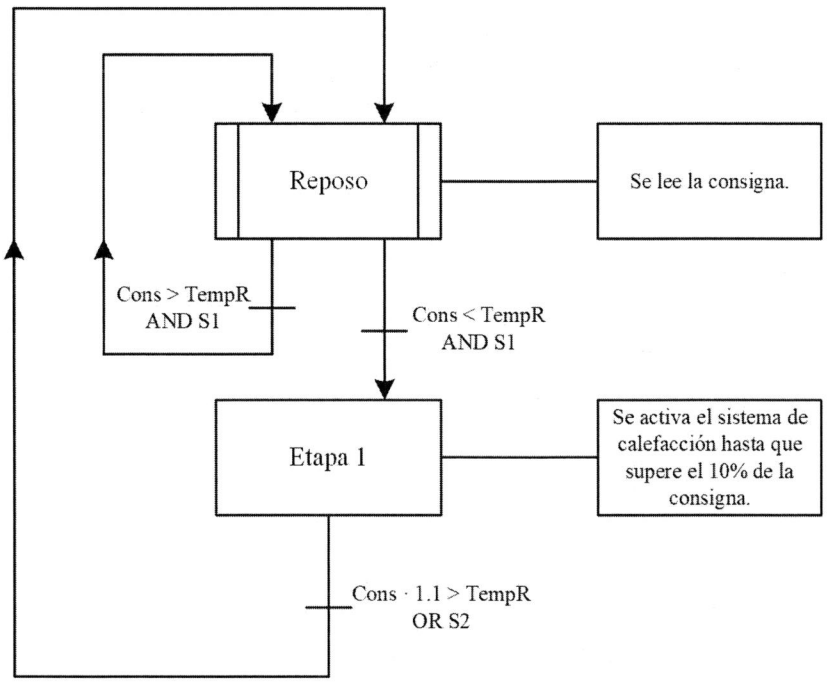

d) Solución programada

Se inicia el programa con el comando S13 para que el PLC se sitúe en una etapa de reposo. A partir de aquí, se debe leer constantemente tanto la consigna como la temperatura, para realizar el control que se desea implementar.

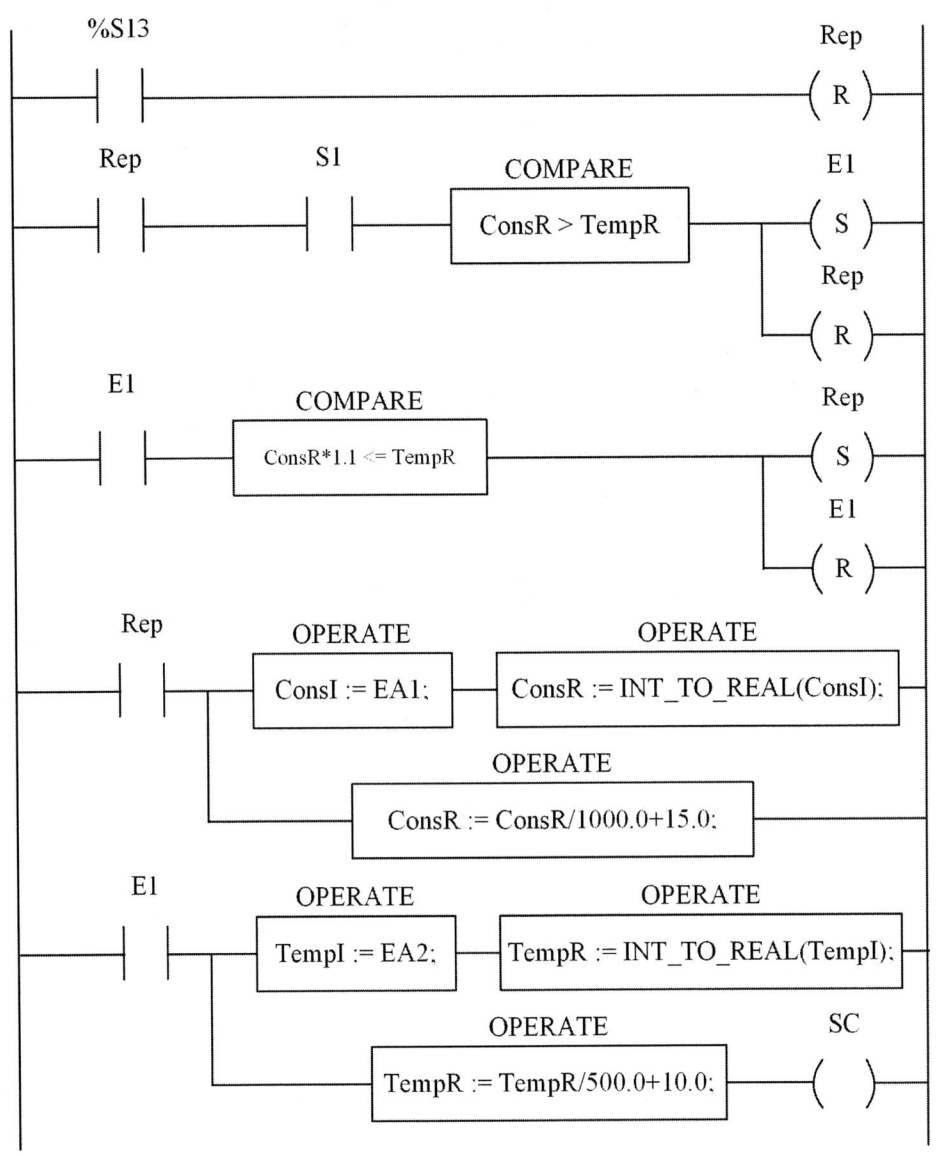

Problema 4.10

Las mezcladoras industriales son ampliamente utilizadas en la industria. El principal desafío es mantener la velocidad exacta a través de cambios en la viscosidad de los materiales al mismo tiempo protegiendo el equipo de mezclado de exceso de esfuerzo o atascos. Para ello se desea programar la velocidad de un motor de alterna, controlado por un variador de frecuencia a través de la salida analógica SA1, con los siguientes rangos de valores:

	Salida analógica	Velocidad	SA1
Mínimo	0 V	0 rpm	0
Máximo	10 V	2000 rpm	10000

El usuario pondrá en marcha el sistema a partir de un pulsador NA y detendrá el sistema a través de un pulsador NC. El sistema activará la señal KC al variador para iniciar el giro.

El usuario deberá introducir la consigna de velocidad del motor a través de un codificador binario de cuatro dígitos en BCD conectado a las entradas digitales B15-B0, indicando la velocidad en RMP, que será enviada en formato analógico al variador a través de la salida SA1.

Para completar la solución de este automatismo se pide:

- *a)* Listado de variables del ciclo
- *b)* Ecuación que relaciona las variables eléctricas con las magnitudes físicas
- *c)* Diagrama de secuencia
- *d)* Resolución programada en Ladder

Resolución

a) Se numeran las entradas y salidas del sistema

Entradas: pulsador de Marcha (S1, EBOOL), pulsador de Paro (S2, EBOOL), teclado BCD (B15-B0, EBOOL).

Salidas: salida analógica (SA1, INT), señal activadora del motor KC (EBOOL).

Para poder obtener el valor en las entradas, se deberá convertir de BCD a INT. Para ello, se crean 2 variables, llamadas RPMBCD y RPM. La primera de ellas será el valor que introduzca el operario en BCD, mientras que la segunda será el resultado de convertir RPMBCD a INT.

b) Ecuaciones:

$$\frac{Sal.Analógica - OffsetSal.}{Registro_{max} - Registro_{min}} - \frac{Var.Física - OffsetVar.}{Var.Física_{max} - Var.Física_{min}}$$

$$\frac{SA1 - 0}{10000 - 0} = \frac{RPM - 0}{2000 - 0} \rightarrow SA1 = RPM \cdot 5$$

A partir de esta expresión, se puede observar que se debe multiplicar por 5 el valor que se introduce por el teclado BCD para que se envíe una señal acorde a la velocidad que se quiere conseguir en la mezcladora.

c) Diagrama de secuencia

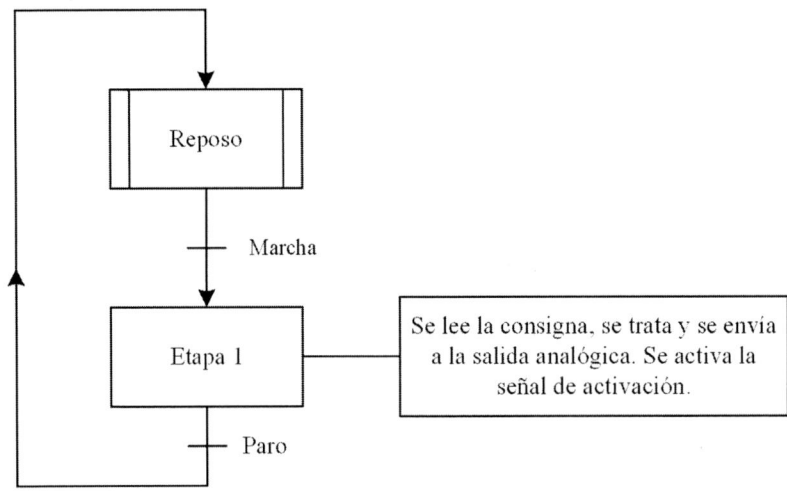

d) Solución programada

El programa se empieza con la señal S13 para situar al PLC a la espera de que se cumplan las condiciones de transición para empezar el ciclo.

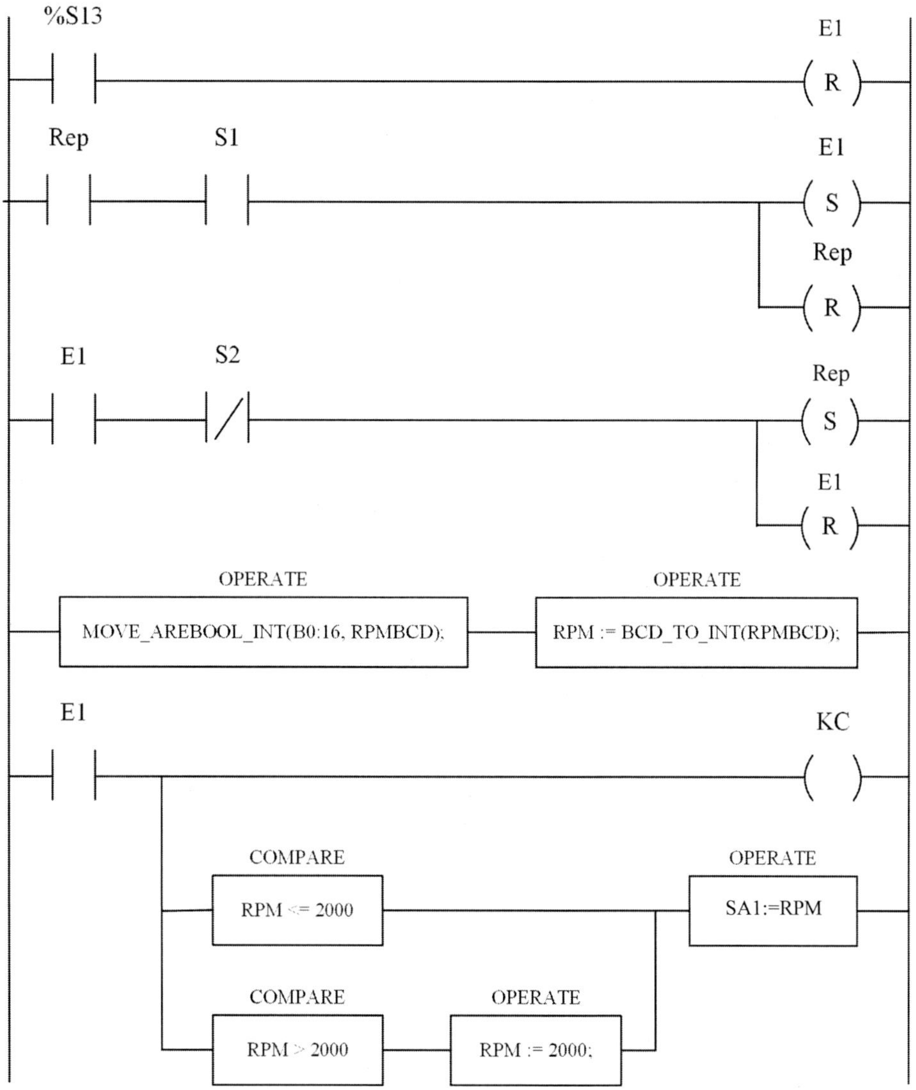

```
    %S13                                                      E1
 ───┤ ├──────────────────────────────────────────────────( R )──
                                                            
    Rep          S1                                         E1
 ───┤ ├────────┤ ├─────────────────────────────────────( S )──
                                                            Rep
                                                          ( R )──
                                                            
    E1           S2                                         Rep
 ───┤ ├────────┤/├─────────────────────────────────────( S )──
                                                            E1
                                                          ( R )──
```

```
            OPERATE                              OPERATE
 ──┌──────────────────────────────┐──┌──────────────────────────────┐──
   │ MOVE_AREBOOL_INT(B0:16, RPMBCD);│ │ RPM := BCD_TO_INT(RPMBCD);    │
   └──────────────────────────────┘  └──────────────────────────────┘
```

```
    E1                                                      KC
 ───┤ ├──┬───────────────────────────────────────────────( )──
         │       COMPARE                        OPERATE
         ├──┌─────────────────┐─────────────┌─────────────┐──
         │  │ RPM <= 2000      │             │ SA1:=RPM     │
         │  └─────────────────┘             └─────────────┘
         │       COMPARE           OPERATE
         └──┌─────────────────┐─┌─────────────────┐──
            │ RPM > 2000       │ │ RPM := 2000;     │
            └─────────────────┘ └─────────────────┘
```

Problema 4.11

Diseñar un automatismo para el control de una depuradora de agua como la mostrada en la figura, donde el nivel del depósito es controlado por la entrada analógica EA1 que suministra 0V al estar vacío, y 10 V al estar lleno (5000 L), de acuerdo con el siguiente ciclo de trabajo.

– La bomba B1 debe ponerse en funcionamiento al accionar el conmutador de puesta en marcha (S1, NA), siempre y cuando el depósito esté vacío.

– Al llegar el agua al nivel de 1000 L, se conecta la bomba B2, echando sosa y otras sustancias, hasta que el nivel llegue a 1500 L, parándose B2.

– La bomba B1 seguirá funcionando hasta que el depósito esté lleno. En ese momento se desactivará B1 y se activará la electroválvula V, dejando pasar el agua ya depurada.

– Cuando el nivel quede de nuevo vacío, la electroválvula se cerrará y se volverá a conectar B1, repitiéndose el ciclo si el conmutador sigue en 1. Si M está en 0, la electroválvula se cerrará y el sistema quedará en reposo.

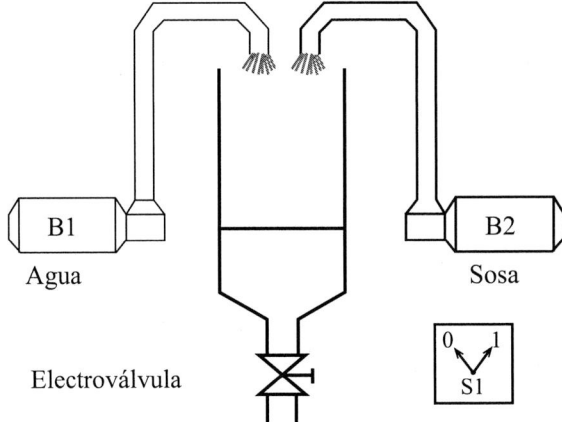

Para completar la solución de este automatismo se pide:

    a) Lista de variables del sistema
    b) Tablas de equivalencia y ecuación que relaciona las magnitudes físicas con las del PLC
    c) Diagrama de secuencia
    d) Solución programada

Resolución

a) Se numeran las entradas y salidas del sistema

Entradas: pulsador de Marcha (S1, EBOOL), entrada analógica (EA, INT).
Salidas: bombas (B1 y B2, EBOOL ambas), electroválvula (V, EBOOL).

El sensor envía una señal en función de lo lleno que esté el depósito. Para poder trabajar más cómodamente en el PLC, se crea una variable llamada CapacidadR que permitirá guardar el valor en L de la cantidad que haya en el tanque.

b) Tablas de equivalencia:

	Entrada del canal	*Salida del sensor*	Capacidad media	EA
Mínimo	0 V	0 V	0 L	0
Máximo	10 V	10 V	5000 V	10000

$$\frac{Ent.\,Analógica - OFFset\,Ent.}{Registro_{max} - Registro_{min}} = \frac{Var.\,Física - Offset\,Var.}{Var.\,Física_{max} - Var.\,Física_{min}}$$

$$\frac{EA - 0}{10000 - 0} = \frac{Var.\,Física - 0}{5000 - 0} \rightarrow Capacidad = \frac{EA}{2}$$

c) Diagrama de secuencia

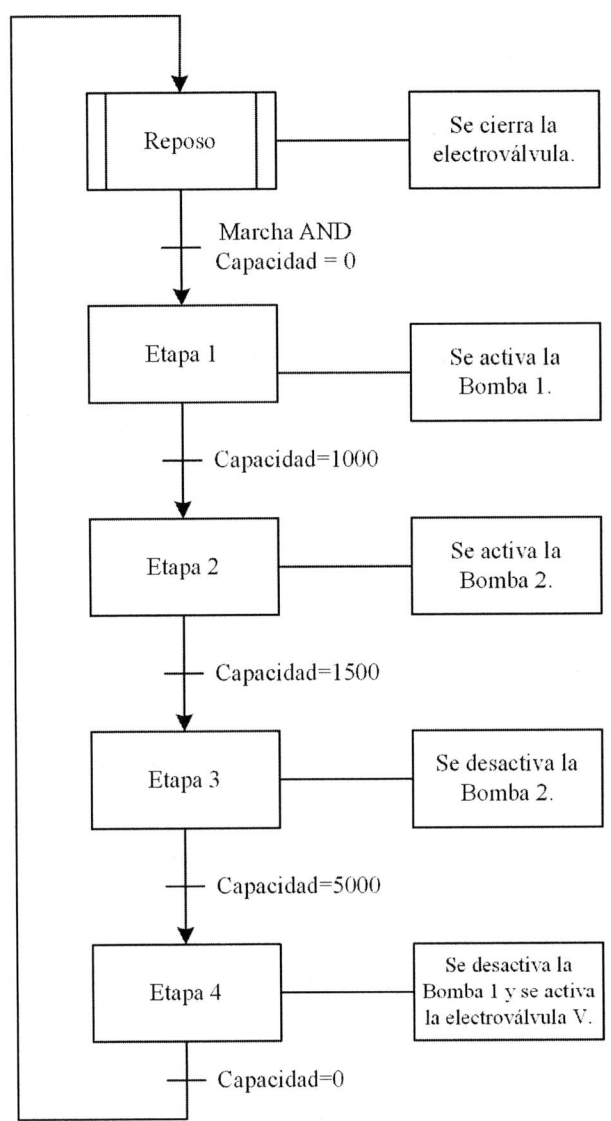

d) Solución programada

El programa se empieza con el comando S13. De esta manera, se consigue que el PLC quede a la espera del cumplimiento de las transiciones para poder ejecutar el ciclo correctamente.

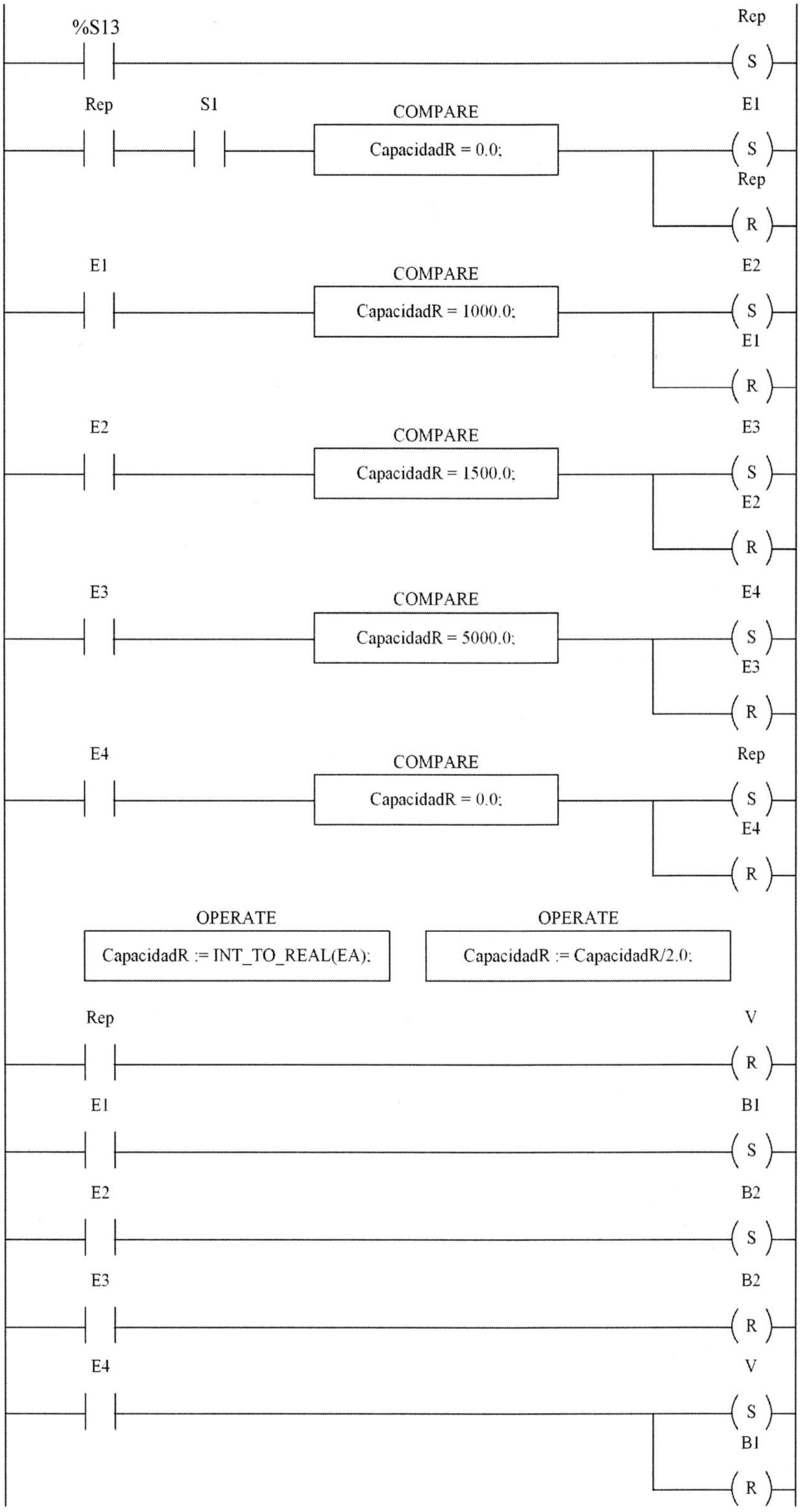

```
     %S13                                                              Rep
    ──┤ ├──────────────────────────────────────────────────────────( S )

     Rep        S1                      COMPARE                       E1
    ──┤ ├──────┤ ├───────┌──────────────────────────────┐──────┐───( S )
                         │    CapacidadR = 0.0;          │      │     Rep
                         └──────────────────────────────┘      └───( R )

     E1                                 COMPARE                       E2
    ──┤ ├────────────────┌──────────────────────────────┐──────┐───( S )
                         │    CapacidadR = 1000.0;       │      │     E1
                         └──────────────────────────────┘      └───( R )

     E2                                 COMPARE                       E3
    ──┤ ├────────────────┌──────────────────────────────┐──────┐───( S )
                         │    CapacidadR = 1500.0;       │      │     E2
                         └──────────────────────────────┘      └───( R )

     E3                                 COMPARE                       E4
    ──┤ ├────────────────┌──────────────────────────────┐──────┐───( S )
                         │    CapacidadR = 5000.0;       │      │     E3
                         └──────────────────────────────┘      └───( R )

     E4                                 COMPARE                       Rep
    ──┤ ├────────────────┌──────────────────────────────┐──────┐───( S )
                         │    CapacidadR = 0.0;          │      │     E4
                         └──────────────────────────────┘      └───( R )

              OPERATE                           OPERATE
    ┌──────────────────────────────┐   ┌──────────────────────────────┐
    │ CapacidadR := INT_TO_REAL(EA);│   │ CapacidadR := CapacidadR/2.0; │
    └──────────────────────────────┘   └──────────────────────────────┘

     Rep                                                              V
    ──┤ ├──────────────────────────────────────────────────────────( R )

     E1                                                              B1
    ──┤ ├──────────────────────────────────────────────────────────( S )

     E2                                                              B2
    ──┤ ├──────────────────────────────────────────────────────────( S )

     E3                                                              B2
    ──┤ ├──────────────────────────────────────────────────────────( R )

     E4                                                              V
    ──┤ ├──────────────────────────────────────────────────────┐───( S )
                                                                │    B1
                                                                └───( R )
```

Problema 4.12

Se desea controlar el volumen de un depósito que varía dinámicamente en función de las condiciones a este. El proceso dispone de los siguientes elementos:

– Un pulsador de marcha/paro de un único pulsador (S1, NA).

– Introducción de consigna mediante un sistema selector potenciométrico que introduce una señal analógica:

	Entrada del canal	Volumen de líquido	EA1
Mínimo	0 V	1500 L	0
Máximo	10 V	2000 L	10000

– Una válvula de control analógico que regula el caudal de entrada de líquido al sistema de manera lineal con las siguientes relaciones:

	Entrada del canal	Válvula analógica	SA1
Mínimo	0 V	Cerrada	0
Máximo	10 V	Abierta	10000

– Célula de carga que suministra información del contenido del depósito con la siguiente relación de valores:

	Entrada del canal	Volumen de líquido	EA2
Mínimo	0 V	0 L	0
Máximo	10 V	2500 L	10000

Se desea realizar un control proporcional cuando el proceso esté en marcha, de tal manera que la señal de control del proceso (señal que se aplica a la válvula analógica, SA1), será proporcional a la señal de error.

– La señal de error se define como la diferencia entre el volumen de consigna menos del real o salida del proceso. ε = Consigna – Salida.

– Si el error es positivo (Volumen consigna > Volumen real), la señal de control será 5*Señal error. En caso que el valor del producto supere 10000, para no saturar la válvula, el valor de salida será 10000.

– Si el error es negativo (Volumen de consigna < Volumen real), la válvula permanecerá cerrada.

– Si el valor de salida (Volumen real) está dentro de la banda muerta de +-10% del valor de consigna, se considera que la salida es correcta y no se aplica ninguna señal de control.

Para completar la solución de este automatismo se pide:

a) Listado de variables de todo el sistema
b) Ecuaciones con las relaciones entre las magnitudes físicas y las variables internas del PLC
c) Diagrama de secuencia
d) Resolución programada mediante Ladder
e) Resolución

f) Se numeran las entradas y salidas del sistema

Entradas: pulsador de Marcha/Paro (S1, EBOOL), selector potenciométrico de la consigna (EA1, INT), cantidad de contenido en el depósito (EA2, INT).

Salidas: control de la válvula (SA1, INT).

Se necesitará guardar los valores en litros. Por ello, se crean las siguientes variables: ConsignaR (que almacenará el valor de la consigna en litros) y CapacidadR (que almacenará el valor de la cantidad de líquido en el tanque). Ambas son de tipo REAL.

Como el error viene definido en función de estas 2 últimas variables, debe ser del mismo tipo para que no haya conflicto. Se crea, entonces, una variable llamada Error, que dependerá de la resta entre ConsignaR y CapacidadR.

Para la puesta en marcha y paro, hay diferentes maneras de implementarse. En este caso, se usará el método de rotar en círculo una serie de bits cada vez que se pulse S1. De esta manera, se alternará en 0 y 1 constantemente. Esto se consigue asignando a un vector (array) de bits, en este caso llamada BE (bits estado), el número en hexadecimal 5555. Después, para ver si está encendido o apagado, se mira el último bit, y este alternará en 0 o 1 cada vez que se pulse S1.

a) Ecuaciones:

EA1:
$$\frac{Ent.\,Analógica - OFFset\,Ent.}{Registro_{max} - Registro_{min}} = \frac{Var.\,Física - OffsetVar.}{Var.\,Física_{max} - Var.\,Física_{min}}$$

$$\frac{EA1 - 0}{10000 - 0} = \frac{Consigna - 1500}{2000 - 1500} \rightarrow Consigna = EA1 * 0.05 + 1500$$

De estas ecuaciones, se puede observar que para obtener la consigna en litros se debe multiplicar el valor de la entrada por 0.05 y sumarle 1500.

SA1:

Al no ser un punto medio y tratar de manera ideal y lineal la válvula, no se puede realizar una relación. Por ello, la señal de control es directamente los puntos de registro que se envía a la salida analógica.

EA2:

$$\frac{Ent.\,Analógica - OFFset\,Ent.}{Registro_{max} - Registro_{min}} = \frac{Var.Física - Offset\,Var.}{Var.Física_{max} - Var.Física_{min}}$$

$$\frac{EA2 - 0}{10000 - 0} = \frac{CapacidadR - 0}{2500 - 0} \rightarrow CapacidadR = EA1 * 0.25$$

De estas ecuaciones, se puede obtener que, para saber el volumen de líquido que hay en el tanque, se debe multiplicar por 0.25 el registro en puntos que devuelve la entrada analógica.

b) Diagrama de secuencia

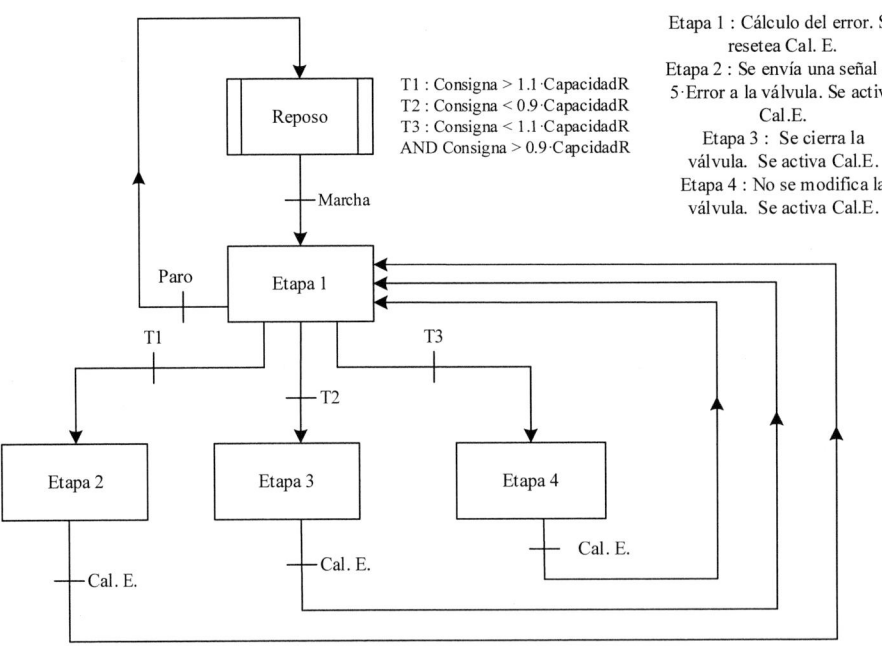

c) Solución programada

El programa se inicia con el comando S13 para situar al PLC en una etapa de reposo, esperando que se pulse el pulsador de MP y así poder arrancar el ciclo.

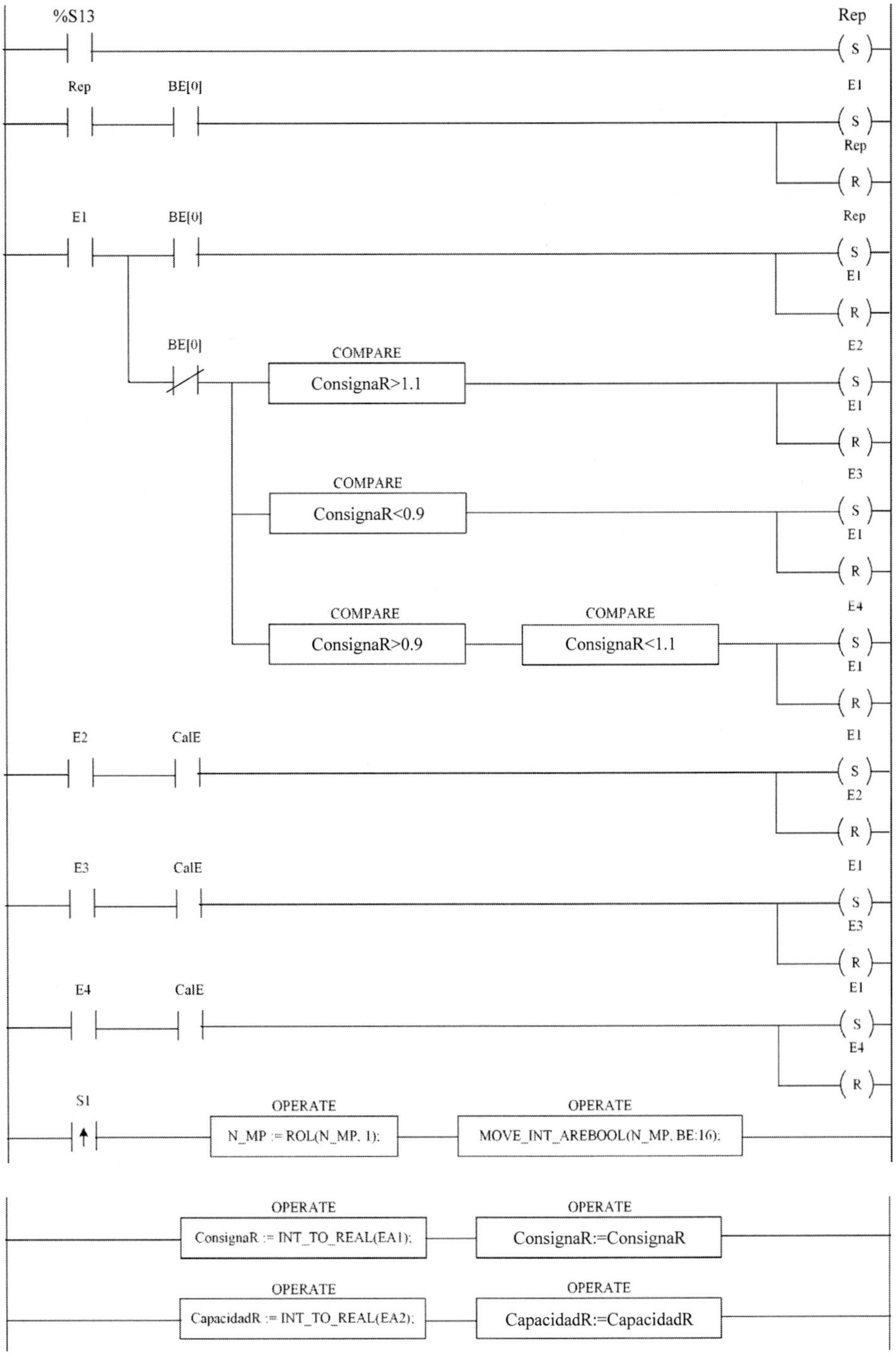

```
    %S13                                                    Rep
    ─┤ ├──────────────────────────────────────────────────( S )─
    Rep      BE[0]                                          E1
    ─┤ ├──────┤ ├─────────────────────────────────────────( S )─
                                                            Rep
                                                           ─( R )─

    E1       BE[0]                                          Rep
    ─┤ ├──┬───┤ ├─────────────────────────────────────────( S )─
          │                                                 E1
          │                                                ─( R )─
          │   BE[0]        COMPARE                          E2
          └───┤/├──┬──┌────────────────┐──────────────────( S )─
                   │  │  ConsignaR>1.1  │                   E1
                   │  └────────────────┘                  ─( R )─
                   │             COMPARE                    E3
                   ├──┌────────────────┐──────────────────( S )─
                   │  │  ConsignaR<0.9  │                   E1
                   │  └────────────────┘                  ─( R )─
                   │          COMPARE            COMPARE     E4
                   └──┌────────────────┐──┌────────────────┐─( S )─
                      │  ConsignaR>0.9  │  │  ConsignaR<1.1 │  E1
                      └────────────────┘  └────────────────┘ ─( R )─

    E2       CalE                                           E1
    ─┤ ├──────┤ ├─────────────────────────────────────────( S )─
                                                            E2
                                                           ─( R )─

    E3       CalE                                           E1
    ─┤ ├──────┤ ├─────────────────────────────────────────( S )─
                                                            E3
                                                           ─( R )─

    E4       CalE                                           E1
    ─┤ ├──────┤ ├─────────────────────────────────────────( S )─
                                                            E4
                                                           ─( R )─

    S1           OPERATE                  OPERATE
    ─┤↑├──┌──────────────────────┐┌──────────────────────────────────┐─
          │  N_MP := ROL(N_MP, 1);│ │ MOVE_INT_AREBOOL(N_MP, BE:16); │
          └──────────────────────┘ └──────────────────────────────────┘


            OPERATE                    OPERATE
    ──┌──────────────────────────┐┌──────────────────────┐──
      │ ConsignaR := INT_TO_REAL(EA1); │ │ ConsignaR:=ConsignaR │
      └──────────────────────────┘└──────────────────────┘
            OPERATE                    OPERATE
    ──┌──────────────────────────┐┌──────────────────────┐──
      │ CapacidadR := INT_TO_REAL(EA2); │ │ CapacidadR:=CapacidadR │
      └──────────────────────────┘└──────────────────────┘
```

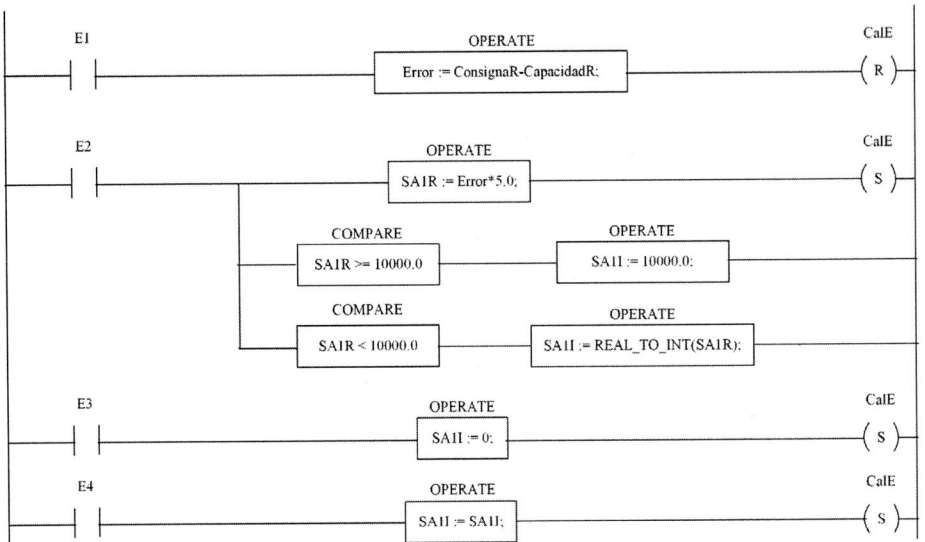

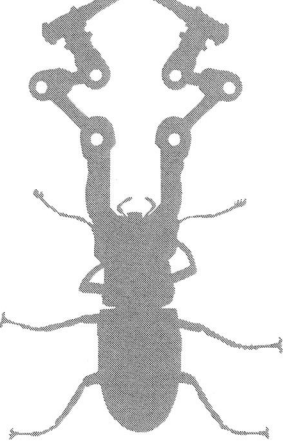

Diseño de automatismos cableados sobre procesos discretos mediante tabla de verdad

Problema 5.1

La puesta marcha de un motor trifásico a través del contactor K1 depende del estado de tres variables (S1, S2 y S3), de tal manera que el motor se activará solamente en las siguientes condiciones:

– Cuando únicamente S1 esté activo.

– Cuando estén activos simultáneamente S1 y S2 pero no S3.

– Cuando esté activo simultáneamente S1 y S3 pero no S2.

   a) Crear la tabla de verdad del automatismo.

   b) Determinar la función lógica a partir de la tabla de verdad.

   c) Dibujar el esquema de control.

Resolución

a) Tabla de la verdad

Como se puede analizar directamente del enunciado, si S1 no está activada, K1 será 0. Las demás condiciones se obtienen a partir de las condiciones anteriores.

S1	S2	S3	K1
0	0	0	0
0	0	1	0
0	1	0	0
0	1	1	0
1	0	0	1
1	0	1	1
1	1	0	1
1	1	1	0

b) Determinación de la función lógica

Usando el método de Karnaugh para simplificar la tabla de la verdad, se obtiene:

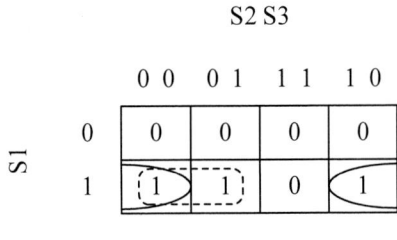

$$K1 = S1 \cdot \overline{S3} + S1 \cdot \overline{S2}$$

c) Esquema de control

El automatismo cableado de control, correspondiente a la función lógica, es el siguiente:

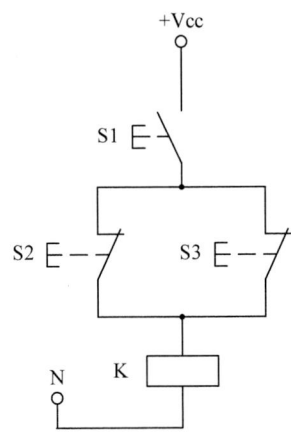

El circuito con puertas lógicas correspondiente a la expresión es:

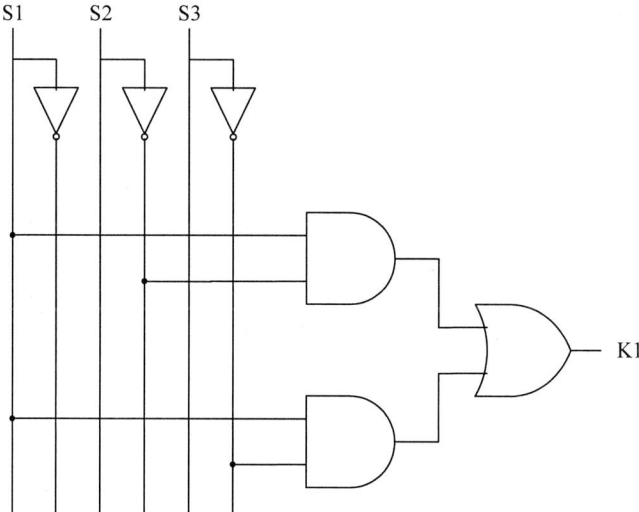

Problema 5.2

El encendido y apagado de una bombilla, B, de 220 VAC está controlada por tres interruptores, S1, S2 y S3. La bombilla se enciende cuando al menos dos de los tres interruptores están cerrados.

Diseñar el automatismo completando los siguientes pasos:

a) Representar la tabla de verdad correspondiente.

b) Determinar la función lógica del elemento de salida.

c) Diseñar el esquema cableado de control.

Resolución

a) Tabla de la verdad

Las combinaciones que generan los interruptores considerados y su influencia sobre la bombilla se muestran mediante la siguiente tabla de verdad:

S1	S2	S3	B
0	0	0	0
0	0	1	0
0	1	0	0
0	1	1	1
1	0	0	0
1	0	1	1
1	1	0	1
1	1	1	1

b) Determinación de la función lógica

Para obtener la expresión lógica que permite controlar el encendido y apagado de la bombilla, se considera el siguiente mapa de Karnaugh basado en los datos definidos en la tabla anterior.

S2 S3

	0 0	0 1	1 1	1 0
0	0	0	1	0
1	0	1	1	1

S1

En este caso, las agrupaciones realizadas siguiendo el método de simplificación por Karnaugh, conducen a la siguiente expresión:

$$B = S2 \cdot S3 + S1 \cdot S3 + S1 \cdot S2$$

c) El automatismo cableado de control, correspondiente a la función lógica, es el siguiente:

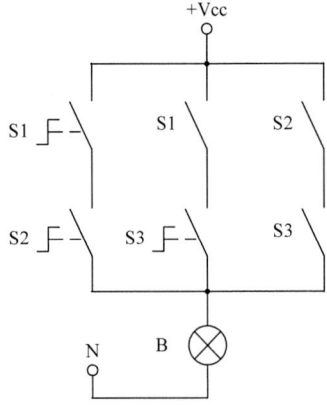

El circuito con puertas lógicas correspondiente a la expresión es:

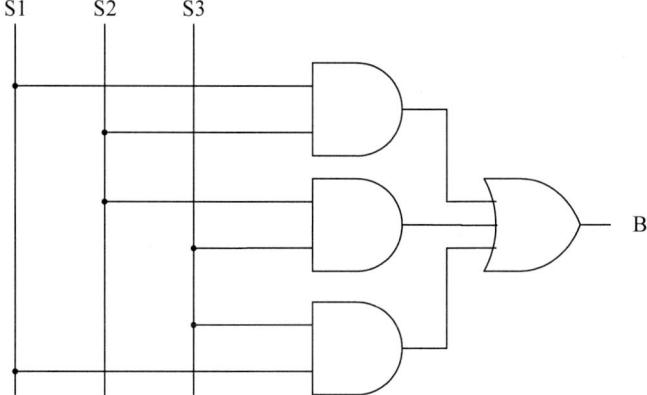

Problema 5.3

Se dispone de un motor trifásico en conexión estrella, se controla su puesta en marcha y paro a través del contactor K1, el cual activará el motor al presionar el pulsador S1 y se desactivará al presionar el pulsador S2. Teniendo en cuenta que los elementos de control son pulsadores, se pide realizar la tabla de verdad del motor teniendo en cuenta el estado de los pulsadores y el estado actual del motor (*i.e.* S1, S2, K1n), como variables de entrada, y el estado final del motor K1n+1 como variable de salida.

Diseñar el automatismo completando los siguientes pasos:

    a) Representar la tabla de verdad correspondiente.

    b) Determinar la función lógica del elemento de salida.

    c) Diseñar el esquema de control.

Resolución

a) A partir de las condiciones que se exponen en el problema, se obtiene la siguiente tabla de verdad:

Kn	S1	S2	Kn+1
0	0	0	0
0	0	1	0
0	1	0	1
0	1	1	0
1	0	0	1
1	0	1	0
1	1	0	1
1	1	1	0

Obsérvese que, sobre las combinaciones en las que se pulsa simultáneamente los pulsadores S1 y S2, se ha priorizado el apagado del motor.

b) Determinación de la función lógica
Para obtener la expresión lógica que permite controlar el encendido y apagado del motor, se considera el siguiente mapa de Karnaugh basado en los datos definidos en la tabla anterior:

S1 S2

	0 0	0 1	1 1	1 0
0	0	0	0	1
1	1	0	0	1

Kn

$$K_{n+1} = S1 \cdot \overline{S2} + K_n \cdot \overline{S2} = \overline{S2} \cdot (S1 + K_n)$$

c) El automatismo cableado de control, correspondiente a la función lógica, es el siguiente:

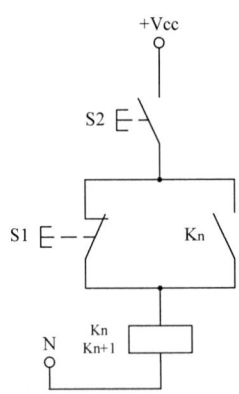

Problema 5.4

Dibujar mediante contactos el sistema formado por tres variables de salida (K1, K2 y K3), las cuales también se utilizan como variables de entrada para memorizar estado y que vienen determinadas por las siguientes funciones lógicas:

$$K1 = \overline{(S1 \cdot S2)} \cdot \left(\overline{\overline{S3 \cdot S4}} + K1 \right)$$

$$K2 = K1 \cdot \left(S5 \cdot \overline{S6} + K2 \right)$$

$$K3 = K1 \cdot K2 \cdot \left(\overline{S7} + K3 \right)$$

Diseñar el automatismo completando los siguientes pasos:

a) Adaptar las funciones lógicas para que puedan ser implementadas correctamente mediante las leyes booleanas.
b) Diseñar el esquema de control por contactos.

Resolución

a) Se puede observar que la función de K2 y K3 no necesitan ninguna modificación, ya que se pueden implementar directamente. En cambio, la función K2, que contiene negaciones sobre el resultado de multiplicación de variables, se debe modificar levemente para permitir su posterior representación:

$$K1 = \overline{(S1 \cdot S2)} \cdot \left(\overline{\overline{S3 \cdot S4}} + K1 \right) \rightarrow K1 = \left(\overline{S1} + \overline{S2} \right) \cdot \left(S3 + \overline{S4} + K1 \right)$$

b) El automatismo cableado de control, que corresponde a las funciones lógicas, es el siguiente:

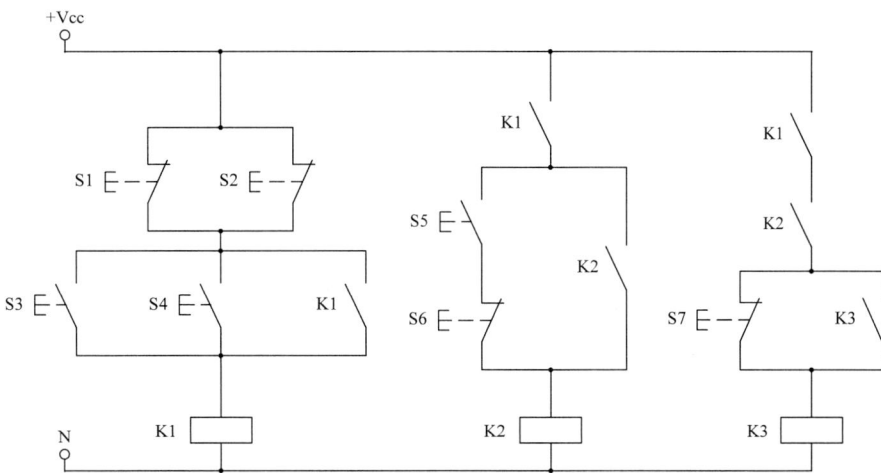

Problema 5.5

Se dispone de la siguiente tabla de la verdad en la que se consideran tres variables de entrada, S1, S2 y S3, y una variable de salida K1:

S1	S2	S3	K1
0	0	0	0
0	0	1	1
0	1	0	1
0	1	1	0
1	0	0	0
1	0	1	1
1	1	0	1
1	1	1	0

Diseñar el automatismo completando los siguientes pasos:

a) Determinar la función lógica del elemento de salida mediante el método de Karnaugh.

b) Diseñar el esquema cableado de control.

Resolución

a) Se considera el siguiente mapa de Karnaugh basado en los datos definidos en la tabla para simplificar la función:

S2 S3

	0 0	0 1	1 1	1 0
0	0	1	0	1
1	0	1	0	1

S1

$$K1 = \overline{S2} \cdot S3 + S2 \cdot \overline{S3}$$

b) El automatismo cableado de control, correspondiente a la función lógica es el siguiente:

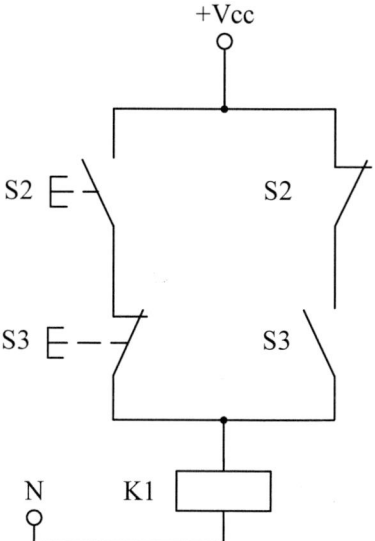

Se puede observar que esta función lógica se puede representar por una suma exclusiva, por lo que su representación en circuito lógico es:

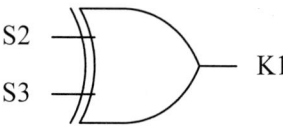

Problema 5.6

A partir de la siguiente tabla de verdad:

   a) Simplificar las dos funciones de salida K1 y K2.

   b) Representar el esquema de control por contactos, así como con puertas lógicas.

S1	S2	S3	S4	K1	K2
0	0	0	0	0	0
0	0	0	1	0	0
0	0	1	0	1	0
0	0	1	1	1	1
0	1	0	0	0	0
0	1	0	1	1	1
0	1	1	0	1	0
0	1	1	1	1	1
1	0	0	0	0	0
1	0	0	1	0	0
1	0	1	0	1	0
1	0	1	1	1	1
1	1	0	0	0	0
1	1	0	1	1	1
1	1	1	0	1	0
1	1	1	1	1	1

Resolución

a) Respecto a la variable K1:

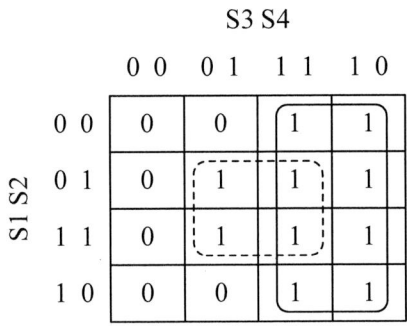

$$K1 = S3 + S4 \cdot S2$$

Respecto a la variable K2:

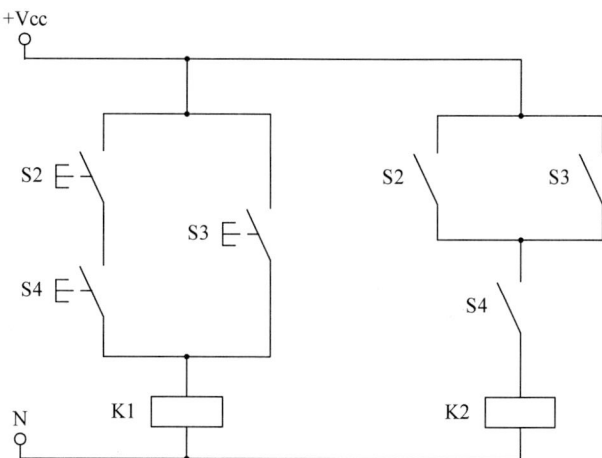

$$K2 = S3 \cdot S4 + S2 \cdot S4$$

b) El automatismo cableado de control, correspondiente a las funciones lógicas, es el siguiente:

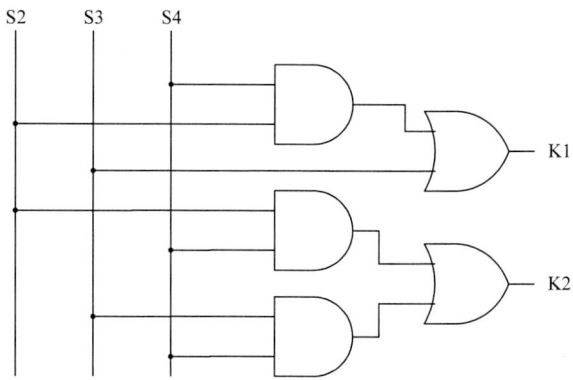

El circuito con puertas lógicas, correspondiente a las expresiones anteriores, es el siguiente:

Problema 5.7

Simplificar y representar mediante contactos las siguientes funciones lógicas:

$$K1 = \left(\overline{S1 \cdot S2}\right) \cdot \left(\overline{(S3 + S5) \cdot S4}\right) \qquad K2 = \left(\overline{S1 + S2 \cdot (S2 + S3)}\right) \cdot \left(\overline{\overline{S3 \cdot S4}}\right)$$

$$K3 = \left(\overline{\left(\overline{S1 + S2}\right) \cdot S3}\right) \cdot \left(\overline{S4 \cdot S5} + S6\right)$$

Resolución

Usando el teorema de Morgan, se cambian todas las operaciones negadas por la suma o el producto de los contactos negados:

$$K1 = \left(\overline{S1 \cdot S2}\right) \cdot \left(\overline{(S3 + S5) \cdot S4}\right) \rightarrow K1 = \left(\overline{S1} + \overline{S2}\right) \cdot \left(\overline{(S3 \cdot S5)} \cdot S4\right) =$$

$$= \left(\overline{S1} + \overline{S2}\right) \cdot \left((S3 + S5) + \overline{S4}\right)$$

$$K2 = \left(\overline{S1 + S2 \cdot (S2 + S3)}\right) \cdot \left(\overline{\overline{S3 \cdot S4}}\right) \rightarrow K2 = \left(\overline{S1 + S2 + S2 \cdot S3}\right) \cdot \left(S3 + \overline{S4}\right) =$$

$$= \left(\overline{S1} \cdot \overline{S2} \cdot \overline{S3} \cdot \overline{S2}\right) \cdot \left(S3 + \overline{S4}\right) = \left(\overline{S1} \cdot \overline{S2} \cdot \left(\overline{S3} + \overline{S2}\right)\right) \cdot \left(S3 + \overline{S4}\right)$$

$$K3 = \left(\overline{\left(\overline{S1 + S2}\right) \cdot S3}\right) \cdot \left(\overline{S4 \cdot S5} + S6\right) \rightarrow K3 = \left((S1 + S2) + \overline{S3}\right) \cdot \left(\overline{S4} \cdot S5 + S6\right)$$

Así, la representación en contactos es la siguiente:

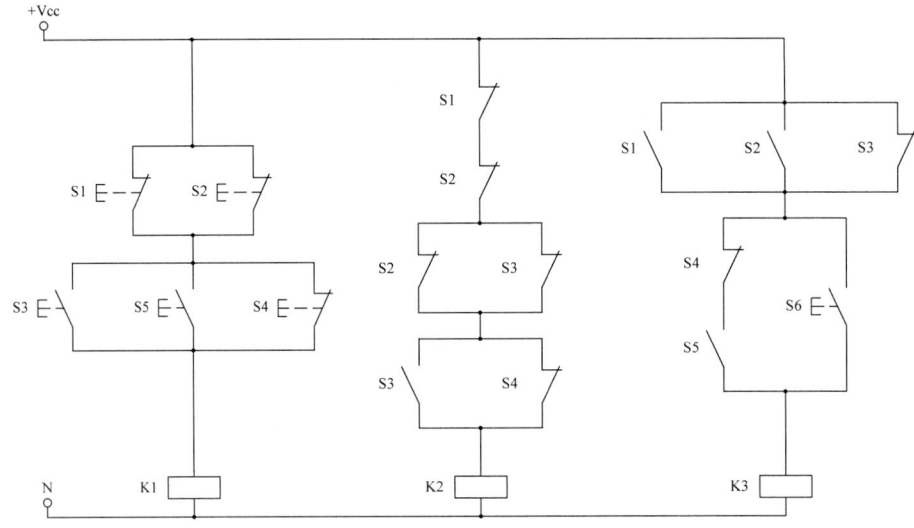

La representación mediante puertas lógicas es:

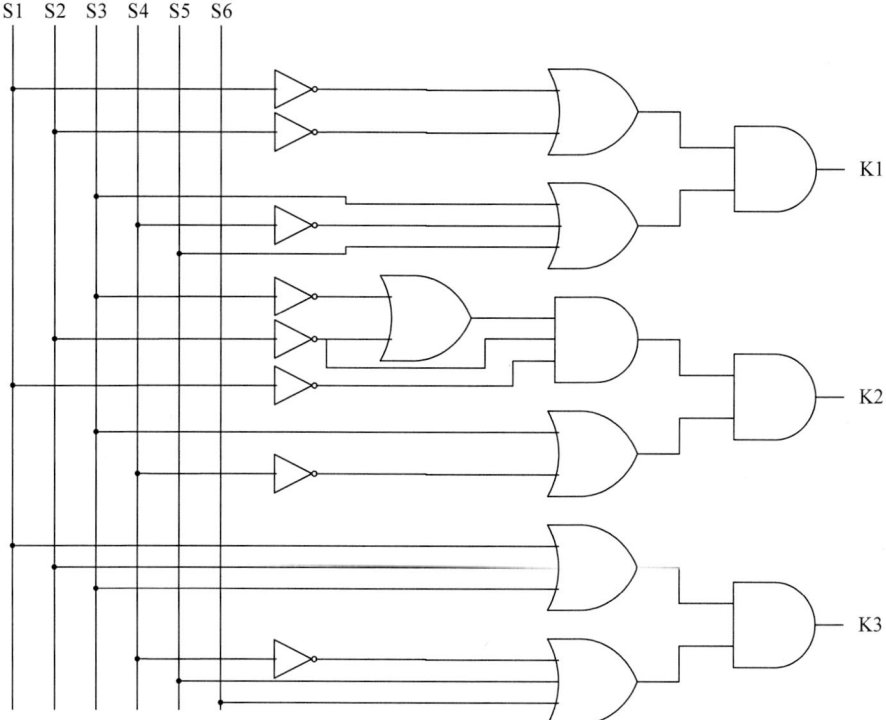

Problema 5.8

Un contactor K1 para el accionamiento de un motor eléctrico está gobernado por la acción combinada de tres finales de carrera, S1, S2 y S3. Para que el motor pueda funcionar, dichos finales de carrera deben reunir las siguientes condiciones:

- S1 accionado, S2 y S3 en reposo
- S3 accionado, S1 y S2 en reposo
- S2 y S3 accionados, S1 en reposo
- S1 y S3 accionados, S2 en reposo

Diseñar el automatismo completando los siguientes pasos:

a) Representar la tabla de la verdad correspondiente.

b) Determinar la función lógica del elemento de salida.

c) Diseñar el esquema de control.

Resolución

a) A partir de las condiciones anteriores, se obtiene la siguiente tabla de la verdad:

S1	S2	S3	K1
0	0	0	0
0	0	1	1
0	1	0	0
0	1	1	1
1	0	0	1
1	0	1	1
1	1	0	0
1	1	1	0

b) Para obtener la expresión lógica que permite controlar el encendido y apagado del motor, se considera el siguiente mapa de Karnaugh basado en los datos de la tabla anterior:

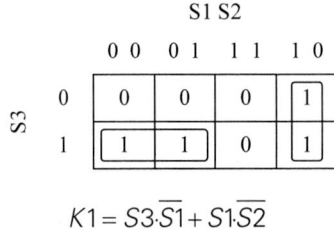

$$K1 = S3 \cdot \overline{S1} + S1 \cdot \overline{S2}$$

c) El automatismo cableado de control, correspondiente a la función lógica, es el siguiente:

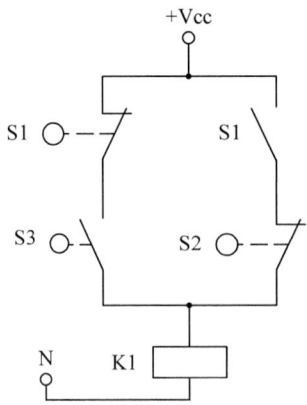

El circuito con puertas lógicas, correspondiente a las expresiones anteriores, es el siguiente:

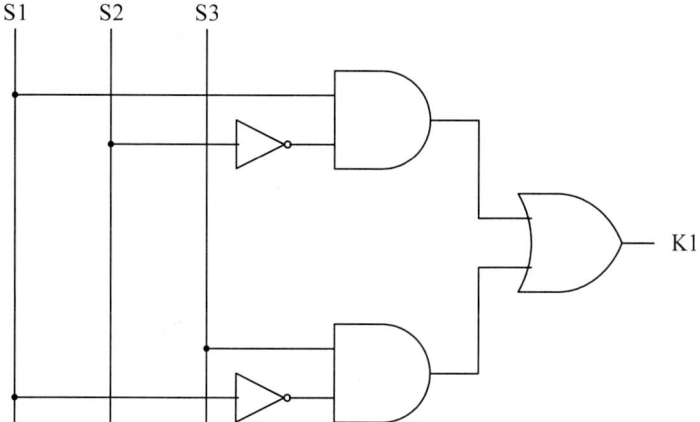

Problema 5.9

Un zumbador H1 debe de accionarse para dar una señal de alarma cuando cuatro pulsadores S1, S2, S3 y S4 cumplen las siguientes condiciones:

- S1 y S2 excitados, S3 y S4 en reposo

- S1 y S4 excitados, S2 y S3 en reposo

- S3 excitado, S1, S2 y S4 en reposo

- S1, S2 y S3 excitados, S4 en reposo

Diseñar el automatismo completando los siguientes pasos:

a) Representar la tabla de la verdad correspondiente.

b) Determinar la función lógica del zumbador.

c) Diseñar el esquema de control.

Resolución

a) A partir de las premisas anteriores, se obtiene la siguiente tabla de la verdad:

S1	S2	S3	S4	K1
0	0	0	0	0
0	0	0	1	0
0	0	1	0	1
0	0	1	1	0
0	1	0	0	0
0	1	0	1	0
0	1	1	0	0
0	1	1	1	0
1	0	0	0	0
1	0	0	1	1
1	0	1	0	0
1	0	1	1	0
1	1	0	0	1
1	1	0	1	0
1	1	1	0	1
1	1	1	1	0

b) Para obtener la expresión lógica que activa el zumbador, se considera el siguiente mapa de Karnaugh basado en los datos definidos en la tabla anterior:

S3 S4

	0 0	0 1	1 1	1 0
0 0	0	0	0	(1)
0 1	0	0	0	0
1 1	1	0	0	1
1 0	0	(1)	0	0

S1 S2

Del mapa, se obtiene la siguiente expresión lógica:

$$H1 = S1 \cdot S2 \cdot \overline{S4} + \overline{S1} \cdot \overline{S2} \cdot S3 \cdot S4 + \overline{S1} \cdot \overline{S2} \cdot S3 \cdot \overline{S4}$$

c) El automatismo cableado de control, que corresponde a las funciones lógicas, es el siguiente:

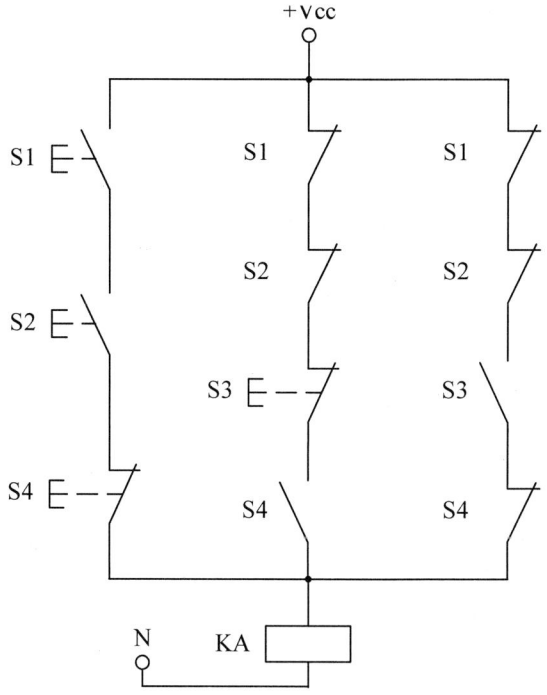

El circuito con puertas lógicas, correspondiente a las expresiones anteriores, es el siguiente:

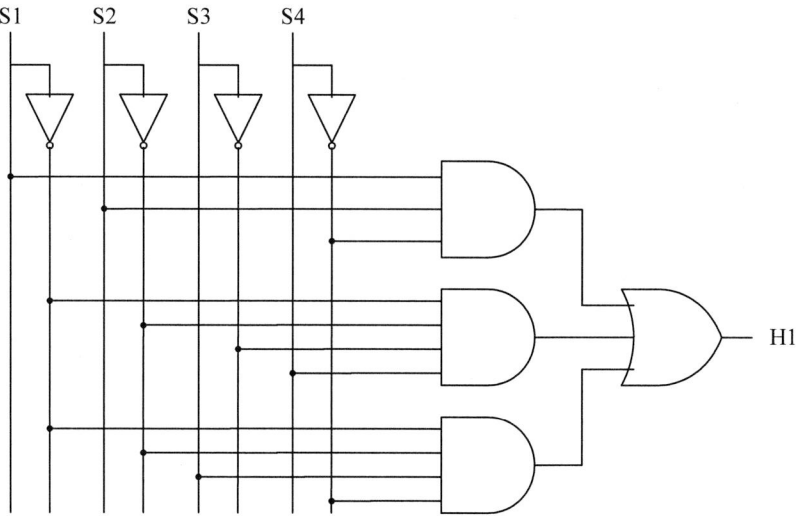

Problema 5.10

A partir de la tabla de verdad siguiente:

S1	S2	S3	S4	K1
0	0	0	0	0
0	0	0	1	0
0	0	1	0	1
0	0	1	1	1
0	1	0	0	0
0	1	0	1	1
0	1	1	0	0
0	1	1	1	1
1	0	0	0	0
1	0	0	1	0
1	0	1	0	1
1	0	1	1	1
1	1	0	0	0
1	1	0	1	0
1	1	1	0	0
1	1	1	1	1

a) Obtener y simplificar la expresión de la salida para K1.
b) Diseñar el esquema de control.

Resolución

a) A partir de la tabla anterior, se obtiene el siguiente mapa de Karnaugh:

$$K1 = S3 \cdot S4 + \overline{S2} \cdot S3 + \overline{S1} \cdot S2 \cdot S4$$

b) El automatismo cableado de control, que corresponde a la función lógica, es el siguiente:

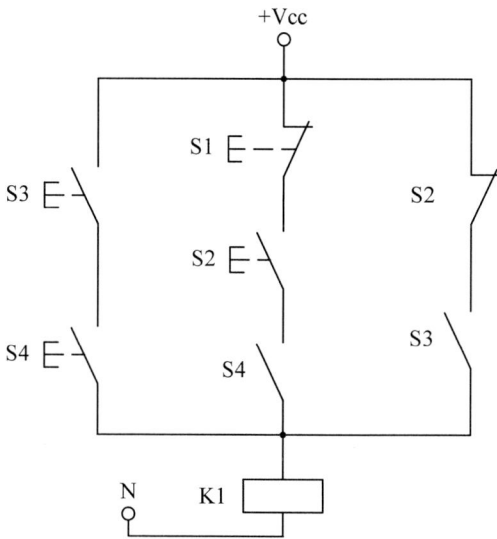

El circuito con puertas lógicas, correspondiente a las expresiones anteriores, es el siguiente:

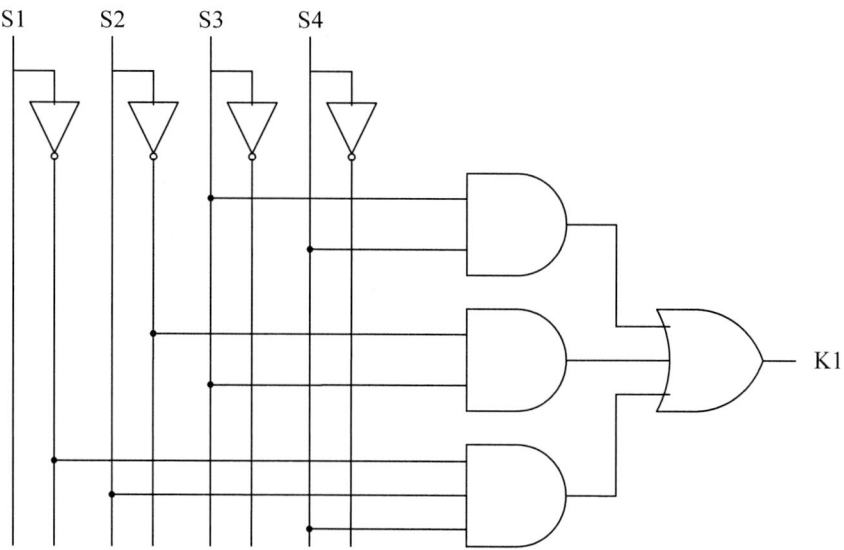

Problema 5.11

Diseñar un circuito con 3 pulsadores (S1, S2, S3) y una lámpara (H) a la salida, donde esta se encienda cuando un y solamente un pulsador S1 o S2 esté desactivado y el pulsador S3 esté activado. En los demás casos, la lámpara estará apagada.

Diseñar el automatismo completando los siguientes pasos:

a) Representar la tabla de la verdad correspondiente.
b) Determinar la expresión lógica del elemento luminoso.
c) Diseñar el esquema de control.

Resolución

a) A partir de las condiciones que se declaran en el problema, se obtiene la siguiente tabla de la verdad:

S1	S2	S3	H
0	0	0	0
0	0	1	0
0	1	0	0
0	1	1	1
1	0	0	0
1	0	1	1
1	1	0	0
1	1	1	0

b) Para obtener la expresión lógica que permite controlar el encendido de la lámpara, se considera el siguiente mapa de Karnaugh basado en los datos definidos en la tabla anterior:

$$H = S1 \cdot \overline{S2} \cdot S3 + \overline{S1} \cdot S2 \cdot S3$$

c) El automatismo cableado de control, correspondiente a la función lógica, es el siguiente:

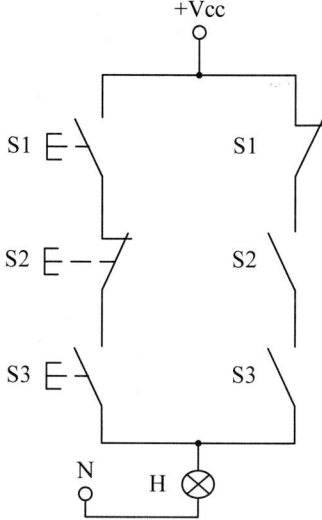

El circuito con puertas lógicas correspondiente a la expresión es:

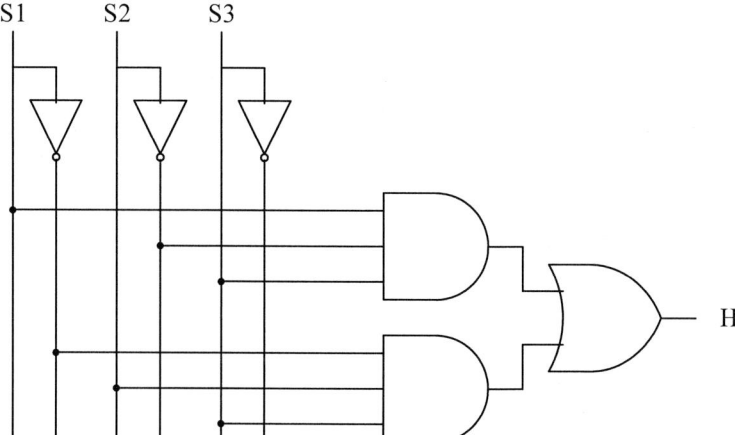

Problema 5.12

Un proceso de fabricación es controlado por 4 sensores (B1, B2, B3, B4), de forma que sus salidas son '0' o '1', según estén detectando presencia de un elemento o no. El proceso deberá detenerse cuando está activado el sensor B1, o cuando lo estén, al menos, dos sensores cualesquiera. Teniendo en cuenta que, el proceso (la salida del sistema (K)) está activo cuando es '1', se pide:

Diseñar el automatismo completando los siguientes pasos:

    a) Representar la tabla de verdad correspondiente.
    b) Determinar la función lógica del elemento de salida.
    c) Diseñar el esquema de control.

Resolución

a) A partir de las premisas mostradas en el problema, se puede obtener la siguiente tabla de verdad:

B1	B2	B3	B4	H
0	0	0	0	1
0	0	0	1	1
0	0	1	0	1
0	0	1	1	0
0	1	0	0	1
0	1	0	1	0
0	1	1	0	0
0	1	1	1	0
1	0	0	0	0
1	0	0	1	0
1	0	1	0	0
1	0	1	1	0
1	1	0	0	0
1	1	0	1	0
1	1	1	0	0
1	1	1	1	0

b) Para obtener la expresión lógica que permite la activación de la salida del sistema, se examina el siguiente mapa de Karnaugh, basado en los datos de la tabla anterior:

S3 S4

	0 0	0 1	1 1	1 0
0 0	1	1	0	1
0 1	1	0	0	0
1 1	0	0	0	0
1 0	0	0	0	0

S1 S2

$$K = \overline{B1}\cdot\overline{B2}\cdot\overline{B3} + \overline{B1}\cdot\overline{B3}\cdot\overline{B4} + \overline{B1}\cdot\overline{B2}\cdot\overline{B4} = \overline{B1}\cdot\overline{B2}\cdot\left(\overline{B3} + \overline{B4}\right) + \overline{B1}\cdot\overline{B3}\cdot\overline{B4}$$

c) El automatismo cableado de control, correspondiente a la función lógica es el siguiente:

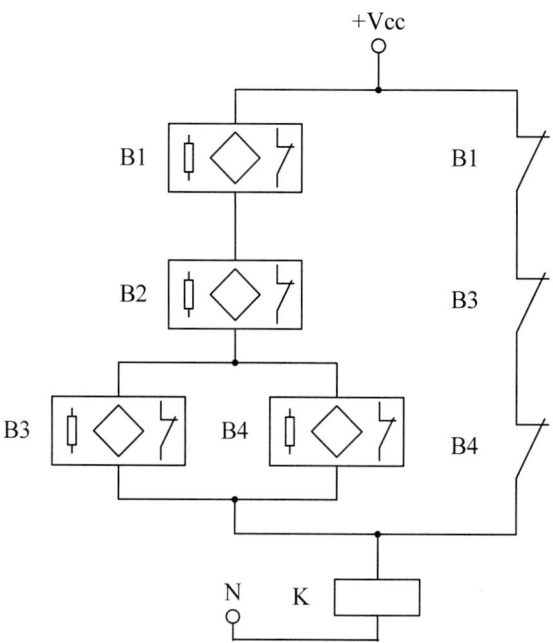

El circuito con puertas lógicas correspondiente a la expresión es:

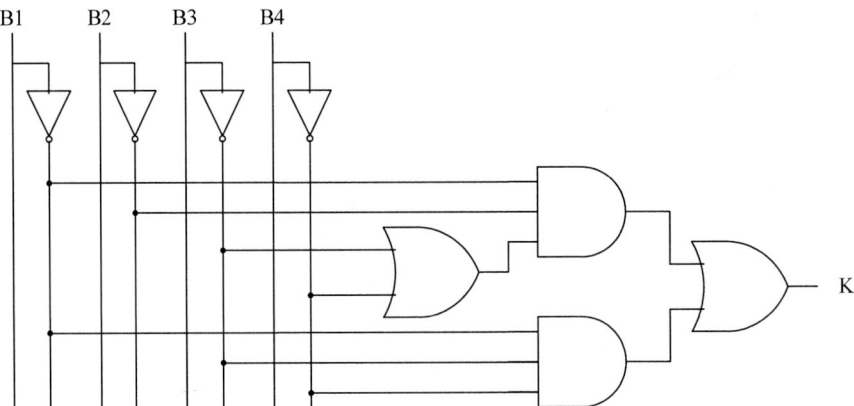

Problema 5.13

Una máquina expendedora de refrescos suministra una lata de naranjada cuando está pulsada la opción A (S1), una de limonada cuando está pulsada la opción B (S2) y una de gaseosa cuando están pulsadas ambas opciones. Por otra parte, también se dispone de dos sensores, C (B1) y D (B2). El primero indica, activándose, si se ha echado la moneda correspondiente, y el segundo se activa cuando no hay latas disponibles. Si se cumplen las condiciones de suministro, un motor deberá abrir una trampilla (K) que da acceso a la bebida.

Diseñar el automatismo completando los siguientes pasos:

- *a)* Representar la tabla de verdad correspondiente.
- *b)* Determinar la función lógica del elemento de salida.
- *c)* Diseñar el esquema de control.

Resolución

a) Las combinaciones que generan tanto los pulsadores como los sensores y su influencia sobre el motor se muestra en la siguiente tabla de la verdad:

S1	S2	B1	B2	K
0	0	0	0	0
0	0	0	1	0
0	0	1	0	0
0	0	1	1	0
0	1	0	0	0
0	1	0	1	0
0	1	1	0	1
0	1	1	1	0
1	0	0	0	0
1	0	0	1	0
1	0	1	0	1
1	0	1	1	0
1	1	0	0	0
1	1	0	1	0
1	1	1	0	1
1	1	1	1	0

b) Para obtener la expresión lógica de la tabla anterior, se implementa el mapa de Karnaugh siguiente basado en las combinaciones de la tabla anterior:

S3 S4

	0 0	0 1	1 1	1 0
0 0	0	0	0	0
0 1	0	0	0	1
1 1	0	0	0	1
1 0	0	0	0	1

(S1 S2)

$$K = S2 \cdot B1 \cdot \overline{B2} + S1 \cdot B1 \cdot \overline{B2} = B1 \cdot \overline{B2} \cdot (S1 + S2)$$

c) El automatismo cableado de control, correspondiente a la función lógica, es el siguiente:

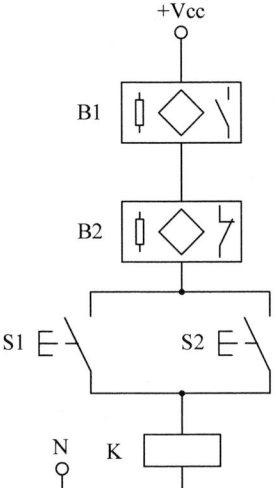

El circuito con puertas lógicas correspondiente a la expresión es:

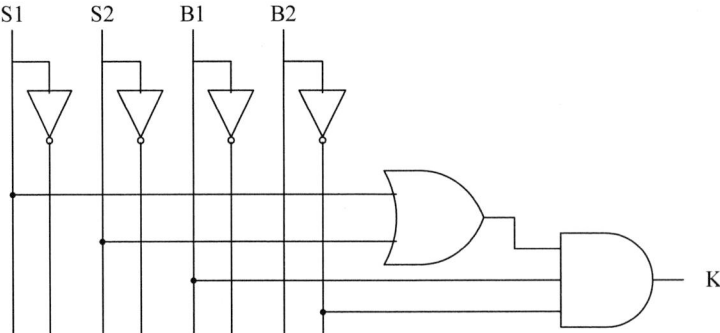

Problema 5.14

Un sistema automatizado de riego indica el nivel de humedad del suelo mediante dos sensores, A (B1) y B (B2). Cuando no es necesario el riego, ambos sensores están apagados. Los riegos se realizan siempre que alguno de los sensores, A o B, esté activo, preferentemente por la noche, salvo en el caso de sequedad extrema, que podrán ser a cualquier hora del día. Cuando la sequedad es extrema, ambos sensores, A y B, se ponen a 1. El sistema dispone de un sensor de luz C (B3), que se activa al oscurecer. Por otro lado, el suministro de agua procede de un depósito que nos manda una señal activa D (B4) cuando no tiene suficiente líquido para el riego y por tanto no se puede realizar.

Diseñar el automatismo completando los siguientes pasos:

a) Representar la tabla de verdad correspondiente.
b) Determinar la función lógica del elemento de salida.
c) Diseñar el esquema de control.

Resolución

a) Las combinaciones que se extraen del problema son representadas en la siguiente tabla de la verdad:

B1	B2	B3	B4	R
0	0	0	0	0
0	0	0	1	0
0	0	1	0	0
0	0	1	1	0
0	1	0	0	0
0	1	0	1	0
0	1	1	0	1
0	1	1	1	0
1	0	0	0	0
1	0	0	1	0
1	0	1	0	1
1	0	1	1	0
1	1	0	0	1
1	1	0	1	0
1	1	1	0	1
1	1	1	1	0

b) Para obtener la expresión lógica de la abertura de la puerta, se considera el siguiente mapa de Karnaugh basado en los datos definidos en la tabla anterior:

S3 S4

	0 0	0 1	1 1	1 0
0 0	0	0	0	0
0 1	0	0	0	1
1 1	1	0	0	1
1 0	0	0	0	1

S1 S2

$$R = B1 \cdot B2 \cdot \overline{B4} + B2 \cdot B3 \cdot \overline{B4} + B1 \cdot B3 \cdot \overline{B4} = \overline{B4} \cdot \left(B1 \cdot B2 + B2 \cdot B3 + B1 \cdot B3 \right)$$

c) El automatismo cableado de control, correspondiente a la función lógica es el siguiente:

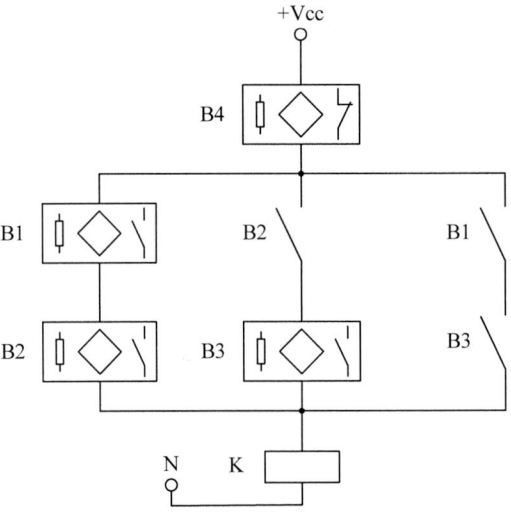

El circuito con puertas lógicas correspondiente a la expresión es:

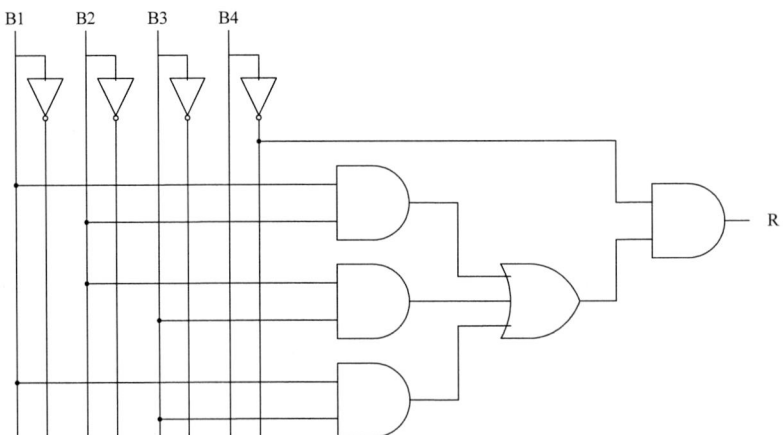